Simone Thum

Heterologe Überexpression von Genen zur Acetonproduktion

Simone Thum

Heterologe Überexpression von Genen zur Acetonproduktion

Heterofermentative Acetonproduktion

Südwestdeutscher Verlag für
Hochschulschriften

Imprint
Any brand names and product names mentioned in this book are subject to trademark, brand or patent protection and are trademarks or registered trademarks of their respective holders. The use of brand names, product names, common names, trade names, product descriptions etc. even without a particular marking in this work is in no way to be construed to mean that such names may be regarded as unrestricted in respect of trademark and brand protection legislation and could thus be used by anyone.

Cover image: www.ingimage.com

Publisher:
Südwestdeutscher Verlag für Hochschulschriften
is a trademark of
Dodo Books Indian Ocean Ltd., member of the OmniScriptum S.R.L Publishing group
str. A.Russo 15, of. 61, Chisinau-2068, Republic of Moldova Europe
Printed at: see last page
ISBN: 978-3-8381-2494-0

Zugl. / Approved by: Ulm, Universität Ulm, Dissertation, 2010

Copyright © Simone Thum
Copyright © 2011 Dodo Books Indian Ocean Ltd., member of the OmniScriptum S.R.L Publishing group

Inhalt

Inhalt... 1

Abkürzungen.. 5

1. Einleitung... 11

2. Material und Methoden.. 18
   2.1 Bakterienstämme.. 18
   2.2 Plasmide.. 20
   2.3 Oligodesoxynukleotide... 23
   2.4 Nährmedien und Kultivierungsbedingungen............................ 24
      2.4.1 Nährmedien und Medienzubereitung................................. 24
      2.4.2 wässrige Lösungen und Puffer... 33
      2.4.3 Medienzusätze.. 33
      2.4.4 Kultivierungsbedingungen.. 34
      2.4.5 Stammhaltung.. 35
   2.5 Bestimmung von Wachstums- und Stoffwechselparametern... 35
      2.5.1 Bestimmung der optischen Dichte..................................... 35
      2.5.2 Messung des pH-Wertes... 35
      2.5.3 Glucosebestimmung.. 36
      2.5.4 Gaschromatographische Analysen.................................... 37
      2.5.5 Bestimmung der Citratsynthase-Aktivität.......................... 38
      2.5.6 Proteinkonzentrationsbestimmung.................................... 41
   2.6 Arbeiten mit Nukleinsäuren.. 41
      2.6.1 Behandlung von Lösungen und Geräten.......................... 41
      2.6.2 Isolierung von Nukleinsäuren.. 42
         2.6.2.1 Isolierung von Gesamt-DNA aus *C. aceticum*........... 42
         2.6.2.2 Isolierung von Gesamt-DNA aus *C. acetobutylicum*.. 42
         2.6.2.3 Isolierung chromosomaler DNA aus *C. glutamicum*... 43
         2.6.2.4 Präparation chromosomaler DNA aus *E. coli*........... 43
         2.6.2.5 Plasmidpräparation mittels Säulenchromatographie... 44
         2.6.2.6 Isolierung von Plasmid-DNA aus *C. aceticum*......... 45
         2.6.2.7 Isolierung von Plasmid-DNA aus *C. glutamicum*..... 46
         2.6.2.8 Isolierung von RNA aus *C. glutamicum*................... 46

2.6.3 Reinigung von Nukleinsäuren.. 48
   2.6.3.1 Ethanolfällung... 48
   2.6.3.2 Isopropanolfällung.. 48
   2.6.3.3 Phenol-Chloroform-Isoamylalkohol-Extraktion............................... 48
   2.6.3.4 Reinigung von DNA-Fragmenten aus Lösungen............................ 49
   2.6.3.5 Reinigung von DNA-Fragmenten aus Agarose-Gelen..................... 49
   2.6.3.6 Reinigung radioaktiv markierter DNA... 49
2.6.4 Auftrennung von Nukleinsäurefragmenten.. 50
   2.6.4.1 Nichtdenaturierende Agarose-Gelelektrophorese............................ 50
   2.6.4.2 Färben von Nukleinsäuren in Agarose-Gelen................................ 51
   2.6.4.3 Größenbestimmung von Nukleinsäuren....................................... 51
2.6.5 Konzentrationsbestimmung von Nukleinsäure-Lösungen...................... 52
2.6.6 Sequenzierung... 52
2.6.7 "Dot-Blot"... 52
2.6.8 Radioaktive Markierung von DNA-Fragmenten..................................... 53
2.6.9 Hybridisierung von RNA mit radioaktiv markierten Sonden................... 53
2.6.10 Detektion radioaktiv markierter Sonden.. 54
2.6.11 Enzymatische Modifikation von DNA.. 54
   2.6.11.1 Restriktionsspaltung von DNA.. 54
   2.6.11.2 Dephosphorylierung von linearen Plasmiden.............................. 55
   2.6.11.3 Ligation von DNA-Fragmenten.. 56
   2.6.11.4 TA-Klonierung von PCR-Fragmenten... 56
2.6.12 Amplifikation von DNA durch Polymerasekettenreaktion (PCR)............ 56
   2.6.12.1 Auswahl von Oligodesoxynukleotiden.. 56
   2.6.12.2 Standard-PCR... 57
   2.6.12.3 Kolonie-PCR.. 58
   2.6.12.4 Einfügen von Restriktionsschnittstellen...................................... 58
2.6.13 Herstellung kompetenter Zellen und DNA-Transfer.............................. 59
   2.6.13.1 Transformation von *C. aceticum*... 59
   2.6.13.2 Transformation von *C. acetobutylicum*................................... 59
   2.6.13.3 Transformation von *C. glutamicum*.. 60
   2.6.13.4 Konstruktion einer *C. glutamicum*-Deletionsmutante................ 61
   2.6.13.5 Transformation elektrokompetenter *E. coli*-Zellen.................... 62
   2.6.13.6 Transformation kaltkompetenter *E. coli*-Zellen......................... 63
   2.6.13.7 Konjugation... 64
   2.6.13.8 Blau-Weiß-Selektion rekombinanter *E. coli*-Klone.................... 64
   2.6.13.9 Methylierung von Plasmid-DNA.. 65

Inhalt

2.7 Gase, Chemikalien, Materialien, Software und Geräte.................................. 66
   2.7.1 Gase.. 66
   2.7.2 Chemikalien... 66
   2.7.3 Enzyme.. 71
   2.7.4 Molekularbiologische Hilfsmittel.. 71
   2.7.5 Software... 72
   2.7.6 Geräte.. 73

3. Experimente und Ergebnisse.. 76
3.1 Konstruktion eines Aceton-Synthese-Operons... 77
3.2 Acetonproduktion mittels Aceton-Synthese-Operon in pUC18.................. 79
3.3 Subklonierung des Aceton-Synthese-Operons... 79
3.4 Konstruktion alternativer Aceton-Synthese-Operone................................. 81
3.5 Acetonproduktion in *E. coli* mittels Aceton-Synthese-Operon in pEKEx-2.............. 84
3.6 Acetonproduktion in *E. coli* mittels Aceton-Synthese-Operon in pIMP1.................. 86
3.7 Optimierung der Acetonproduktion in *E. coli*... 88
   3.7.1 Acetonflüchtigkeit und Aceton als mögliche Energie- und Kohlenstoffquelle..... 89
   3.7.2 Steigerung der Acetonproduktion durch Einsatz verschiedener Medien........... 90
   3.7.3 Steigerung der Acetonproduktion durch Änderung der Inkubationstemperatur... 91
   3.7.4 Steigerung der Acetonproduktion durch Zugabe von Magnesium................... 92
3.8 Acetonproduktion in *C. glutamicum* ATCC 13032..................................... 94
3.9 Transkriptnachweis der synthetischen Aceton-Synthese-Operone............. 95
3.10 Acetontoleranz von *C. glutamicum* ATCC 13032...................................... 96
3.11 Konstruktion einer *C. glutamicum* Deletionsmutante................................ 96
3.12 Charakterisierung der Mutante *C. glutamicum* ΔgltA................................ 99
   3.12.1 Citratsynthase-Aktivität... 99
   3.12.2 Wachstumsanalysen... 100
   3.12.3 Aceton als mögliche Energie- und Kohlenstoffquelle..................... 101
3.13 Acetonproduktion in *C. glutamicum* ΔgltA.. 102
3.14 Optimierung der Acetonproduktion in *C. glutamicum* ΔgltA..................... 104
   3.14.1 Steigerung der Acetonproduktion durch Einsatz verschiedener Medien...... 104
   3.14.2 Steigerung der Acetonproduktion durch Änderung von Wachstumsparametern.. 105
      3.14.2.1 Konstante pH-Bedingungen... 105
      3.14.2.2 Steigerung der Glucosekonzentration................................ 108
   3.14.3 Steigerung der Acetonproduktion durch Zugabe von Magnesiumsulfat........ 109

3.15 Acetonproduktion mit *C. aceticum*..111
3.16 Expression von *thlA* und *ctfAB* bzw. *thlA* und *atoDA* in *C. acetobutylicum*............114

4. Diskussion...**118**
4.1 Acetonproduktion durch Clostridien..118
4.2 Acetonproduktion in *E. coli*..121
4.3 Acetonproduktion in *C. glutamicum* und *C. glutamicum* ΔgltA......................123
4.4 Alternative Acetacetat-synthetisierende Enzyme..126
4.5 Weitere Optimierung der Acetonproduktion in *E. coli* und *C. glutamicum* ΔgltA........128
4.6 Acetonproduktion in Acetogenen...132
4.7 Expression von *thlA* und *ctfAB* bzw. *thlA* und *atoDA* in *C. acetobutylicum*...............136

5.a Zusammenfassung...**138**
5.b Summary..**140**

6. Literatur...**142**

7. Anhang..**161**
7.1 Acetonproduktion mit *E. coli* sp. pEKEx_adc_atoDA_thlA..........................161
7.2 Acetonproduktion mit *E. coli* sp. pEKEx_adc_teII_thlA..............................161
7.3 Acetonproduktion mit *E. coli* sp. pEKEx_adc_ybgC_thlA..........................162
7.4 Acetonproduktion mit *E. coli* sp. pIMP_adc_atoDA_thlA............................162
7.5 Acetonproduktion mit *E. coli* sp. pIMP_adc_teII_thlA.................................163
7.6 Acetonproduktion mit *E. coli* sp. pIMP_adc_ybgC_thlA.............................163

Abkürzungen

A	Adenin
A.	*Acetobacterium*
aA	auf Aktien
AA	Acetacetat
Abb.	Abbildung
ABE	Aceton-Butanol-Ethanol
ADP	Adenosindiphosphat
AG	Aktiengesellschaft
Ala	Alanin
Amp	Ampicillin
Arg	Arginin
Asn	Asparagin
Asp	Asparaginsäure
ATCC	"American Type Culture Collection"
ATP	Adenosintriphosphat
Aufl.	Auflage
B.	*Bacillus*
BCA	Bicinchoninsäure
BD	Becton, Dickinson and Company
Bp	Basenpaare
BLAST	"Basic Local Alignment Search Tool"
BHI	Brain-Heart-Infusion
BHIS	Brain-Heart-Infusion mit Sorbit
Br.	Britisch
bzw.	beziehungsweise
C	Cytosin; Kohlenstoff
C.	*Clostridium, Corynebacterium*
°C	Grad Celsius
CA	Kalifornien
CAI	Codon Adaptation Index
ca.	circa
CGM	Clostridial growth medium
Ci	Curie
cm	Zentimeter

Abkürzungen

Co	Kompanie
CO_2	Kohlendioxid
CoA	Coenzym A
CTAB	Hexadecyltrimethylammoniumbromid
Cys	Cystein
d	desoxy-, Schichtdicke
Da	Dalton
DMF	Dimethylformamid
DMSO	Dimethylsulfoxid
DNA	Desoxyribonukleinsäure
DNase	Desoxyribonuclease
dNTP	Desoxynukleosid-5'-Triphosphat
Dr.	Doktor
DSMZ	Deutsche Sammlung von Mikroorganismen und Zellkulturen
E.	*Escherichia*
E	Extinktion
ε	Extinktionskoeffizient
EDTA	Ethylendiamintetraessigsäure
et al.	et alii (und andere)
F	Farad
Fa	Firma
FID	Flammenionisationsdetektor
FKBPs	FK506 Binding Proteins
fw	"forward"
g	Gramm, Gravitaion
G	Guanin
GC	Gaschromatograph
G+C	Guanin und Cytosin
Gln	Glutamin
GltA	Citratsynthase
Glu	Glutaminsäure
GmbH	Gesellschaft mit beschränkter Haftung
Gly	Glycin

Abkürzungen

H	Wasserstoff
H.	*Haemophilus*
His	Histidin
Hrsg.	Herausgeber
i	innen
i.d.R	in der Regel
IEA	International Energy Agency
Ile	Isoleucin
Inc.	Incorporated Company; eingetragenes Unternehmen
Int.	International
IPTG	Isopropyl-beta-D-Thiogalactopyranosid
k	Kilo- (10^3)
K	Kalium
KG	Kommanditgesellschaft
Km	Kanamycin
KP	Kaliumphosphat
l	Liter
Leu	Leucin
LB	Luria-Bertani
Ltd.	Limited
Lys	Lysin
µ	Mikro- (10^{-6})
m	meter, Milli- (10^{-3})
M	molar, mega
Met	Methionin
min	Minute(n)
MLS	Makrolid, Lincosamid, Streptogramin
mod.	modifiziert
mol	Mol (6,023 * 1023 Teilchen)
MOPS	Morpholinopropansulfonsäure
Mrd.	Milliarden
N	Stickstoff, Normal
NADP$^+$	Nicotinamidadenindinukleotidphosphat, oxidierte Form
nat.	naturwissenschaftlich

Abkürzungen

O	Sauerstoff
ODx	Optische Dichte bei einer Wellenlänge von x nm
Ω	Ohm
p	Plasmid, pico
P	Phosphat
Pa	Pascal
PCR	"Polymerase chain reaction"
PEP	Phosphoenolpyruvat
pH	negativer dekadischer Logarithmus der H_3O^+-Konzentration
Phe	Phenylalanin
PIPES	Piperazin-N,N'-bis(2-ethansufonsäure)
PPiase	Peptidyl-Prolyl-cis/trans Isomerase
ppm	"parts per million"
Pro	Promoter, Prolin
Prof.	Professor
PTA	Phosphotransacetylase
®	"registered"
R	"resistent"
rev	"reverse"
rer.	"rerum"
resp.	respektive
RNA	Ribonukleinsäure
RNase	Ribonuclease
RT	Raumtemperatur
s	Sekunden
SAP	"Shrimp Alkaline Phosphatase"
SDS	Sodiumdodecylsulfate
Ser	Serin
SOB	"super optimal broth"
SOC	"super optimal catabolite"
sp.	Spezies
SSC	Natriumcitrat
St.	Sankt

Abkürzungen

T	Thymin
Tab.	Tabelle
TAE	Tris-Acetat-EDTA
TE	Tris-EDTA
TES	Tris-EDTA-Natrium
TG	Tris-Glycerin
Thr	Threonin
TM	"Trademark"
Tris	Tris-(Hydroxymethyl)-Aminomethan
Trp	Tryptophan
TY	Trypton, Hefeextrakt
Tyr	Thyrosin
U	"Unit"
u.a.	unter anderem
UK	United Kingdom
Upm	Umdrehungen pro Minute
USA	United States of America
UV	Ultraviolet
V	Volt, Volumen
v.a.	vor allem
Val	Valin
Vol.	Volumen
v/v	Volumen pro Volumen
WT	Wildtyp
w/v	Gewicht pro Volumen
X-Gal	5-Brom-4-Chlor-3-Indolyl-β-D-Galactosid
z.B.	zum Beispiel

1. Einleitung

Aceton, auch 2-Propanon genannt, ist das einfachste und mengenmäßig wichtigste aliphatische Keton. Aceton ist eine farblose, brennbare, leicht flüchtige Flüssigkeit mit einem charakteristisch fruchtigen Geruch. Es ist in beliebiger Menge mit Wasser, Alkoholen und auch Fetten mischbar. Aceton verdankt seinen Namen seiner Entstehung bei der thermischen Zersetzung von Acetaten. Antoine Bussy gebrauchte den Namen 1833 zum ersten Mal (Bourzat, 2003). Die wichtigsten Eigenschaften sind in Tabelle 1 zusammengefasst.

Tab. 1: Eigenschaften von Aceton

Summenformel	C_3H_6O
Molare Masse	58,08 g
Dichte[1]	0,79 g cm^{-3}
Schmelzpunkt	-95 °C
Siedepunkt	56 °C
Geruchsschwelle	100 ppm

[1] bei 20 °C

Die weltweite Acetonproduktion belief sich 1999 bereits auf 4,27 Millionen Tonnen und stieg bis 2005 auf 6,32 Millionen Tonnen (Ming, 2006). Hauptproduzent mit 33 % ist Nordamerika, gefolgt von Westeuropa mit knapp 30 % und Asien mit 20 %. 2010 werden vermutlich rund 6,77 Millionen Tonnen Aceton produziert werden (Zhuan und Liao, 2008). INEOS Phenol GmbH ist mit seinen Produktionsanlagen in Köln, Gladbeck und Marl (Deutschland), in Antwerpen (Belgien) sowie in Theodore (Alabama, USA) mit einer Jahreskapazität von 1,04 Millionen Tonnen Aceton der größte Acetonproduzent (http://www.ineosphenol.de/acetone.htm), gefolgt von Sunoco mit 577.000 Tonnen und Shell Chemical mit 526.000 Tonnen Aceton pro Jahr. Bereits 1954 wurden durch INEOS Phenol GmbH 5.000 Tonnen Aceton im Jahr produziert - eine Menge, die heute in 5 Tagen hergestellt wird (http://www.chemie.de/news/d/32111/). Größtenteils wird Aceton zur Produktion von Methylmethacrylat, Isophoron und Bisphenol-A herangezogen (Weissermel und Arpe, 1998). Ferner wird es als Zwischenprodukt u.a. bei der Herstellung einiger chemischer Verbindungen wie Bromaceton (Tränengas) und Chloroform eingesetzt, sowie in der Lack- und Klebstoffindustrie als universelles Lösungs- und Extraktionsmittel. Aceton findet zudem auch Anwendung als Treibstoffzusatz für Kraftfahrzeuge (Danner und Braun, 1999).

1595 wurde Aceton erstmals beim Erhitzen von Bleiacetat durch Andreas Libavius hergestellt. 1661 beobachtete Robert Boyle die Acetonbildung auch bei der Holzdestillation (Thorpe, 1909). Die biologische Acetonproduktion reicht bis ins Jahr 1904 zurück. Seinerzeit beschrieb Schardinger die Bildung von Aceton durch *Bacillus macerans* (Schardinger, 1904). Ein Engpass des natürlichen Gummis machte die Produktion synthetischen Gummis notwendig. Dieser kann ausgehend von Isopren, Dimethylbutadien und Butadien hergestellt werden, die wiederum aus Fermentationsprodukten wie

1. Einleitung

Amylalkohol, Aceton oder Butanol produziert werden (Dürre, 2005). Aufgrund dieses Engpasses engagierte das britische Unternehmen *Strange und Graham Ltd*. Perkins und Weizmann (1949 - 1951 erster israelischer Staatspräsident) von der Universität Manchester, sowie Fernbach und Schoen vom Pasteur Institut in Paris (Gabriel, 1928; Gabriel und Crawford, 1930). Ziel der Wissenschaftler war es, einen industriellen Prozess zur Produktion von n-Butanol zu entwickeln.

Im Bestreben, einen Bakterienstamm zur mikrobiellen Butanolproduktion zu finden, isolierte Fernbach 1911 einen Stamm, der neben Butanol auch Aceton produzierte. Dieser wurde zur industriellen Produktion von Butanol eingesetzt und es wurden entsprechende Patente angemeldet (Fernbach und Strange 1911 a, b und 1912). Im Jahr 1914 führten Versuche von Weizmann zum Isolat BY (Gabriel, 1928), das sich neben einer verbesserten Aceton- und Butanolproduktion vor allem durch seine Fähigkeit zur Nutzung stärkehaltiger Substrate auszeichnete (Dürre *et al.*, 1992). Der Stamm dieses Isolats wurde später in *Clostridium acetobutylicum* umbenannt (Mc Coy *et al.*, 1926). Auch Weizmann patentierte seinen Prozess (Weizmann, 1915). Der Ausbruch des Ersten Weltkrieges 1914 führte zu einer gesteigerten Nachfrage an Aceton, da dieses als Ausgangsstoff zur Produktion von rauchschwachem Schiesspulver (Kordit) diente. Vor dem Krieg wurde Aceton auf Basis von Calciumacetat hergestellt, das aus Deutschland, Österreich und den Vereinigten Staaten importiert wurde. Mit Beginn des Krieges waren die Lieferwege abgeschnitten und es war nur noch begrenzt Aceton aus den Vereinigten Staaten verfügbar (Gabriel, 1928). Das Unternehmen *Strange und Graham Ltd*. sollte in diesem Zusammenhang für die britische Regierung Aceton produzieren. Aufgrund ineffizienter Produktionsraten wurden allerdings nur 440 kg Aceton pro Woche hergestellt (Gabriel, 1928). 1916 eignete sich die britische Regierung die Fabrik an und stellte die Produktion auf den Weizmannprozess um (Krouwel *et al.*, 1980), wodurch die Produktion auf 1000 kg Aceton pro Woche gesteigert werden konnte. Später wurden auch in anderen Ländern neue Produktionsanlagen errichtet (Gabriel, 1928). Nach dem Waffenstillstand im November 1918 wurde Aceton nicht länger benötigt und die Fabriken geschlossen. Zwischenzeitlich stieg wieder das Interesse an Butanol, da es zur Herstellung von synthetischem Gummi und als Lösungsmittel zur Herstellung schnelltrocknender Nitrocellulose-Lacke in der Automobilindustrie eingesetzt wurde (Mitchell, 1998). Die fermentative Aceton-Butanol-Herstellung stellte den zweitgrößten Fermentationsprozess nach der Ethanolproduktion dar (Dürre, 1998). Mit Auslaufen des Patentes für den Weizmann-Prozess wurden einige neu isolierte Stämme patentiert und neue Anlagen in den USA, Großbritannien, Puerto Rico, Südafrika, Australien, der früheren Sowjetunion, Indien, China und der ehemaligen japanischen Kolonie Formosa (dem heutigen Taiwan) errichtet (Jones und Woods, 1986; McCutchan und Hickey, 1954).

1. Einleitung

Mit Ausbruch des Zweiten Weltkriegs stieg wieder der Bedarf an Aceton für die Sprengstoffproduktion (Hastings, 1971). Nach Kriegsende wurde allerdings die biotechnologische Aceton-Butanol-Fermentation durch ökonomischere petrochemische Verfahrenstechniken nahezu vollständig abgelöst (Jones und Woods, 1986). Das preiswerte Rohöl und die steigenden Melassepreise, Melasse wurde zunehmend als Viehfutter eingesetzt (Dürre *et al.*, 1992), trugen ihren Teil dazu bei. Lediglich in einigen wirtschaftlich isolierten Ländern wie der ehemaligen Sowjetunion (Zverlov *et al.*, 2006), der Volksrepublik China (Chiao und Sun, 2007), Ägypten und Südafrika (Jones, 2001) wurde die biotechnologische Aceton-Butanol-Ethanol-(ABE)-Produktion weiter fortgeführt. Eine der letzten großen Fermentationsanlagen in Südafrika konnte bis 1981 bestehen bleiben (Jones und Woods, 1986). Unter anderem durch die Ölkrise 1973 stieg erstmals wieder das Interesse an alternativen biotechnologischen Produktionsmethoden aus nachwachsenden Rohstoffen (Dürre, 1998). Heute spielt die fermentative Herstellung von Aceton und Butanol weltweit eine unbedeutende Rolle, da sie als nicht konkurrenzfähig zu petrochemischen Verfahren gilt. Ihr kommt nur in einigen Ländern nationale Bedeutung zu. So soll beispielsweise in China etwa 50 % des Acetonbedarfs durch fermentative Produktion gedeckt werden (Dürre 1998), und in Österreich wurde eine ABE-Pilotanlage in einer ehemaligen Ethanolfermentations-anlage betrieben (Nimcevic und Gapes, 2000).

Heute kommen für die petrochemische Acetonherstellung die Propen-Direktoxidation, die Isopropanol-Dehydrierung oder das nach seinem Entdecker Heinrich Hock benannte Hock-Verfahren zum Einsatz.

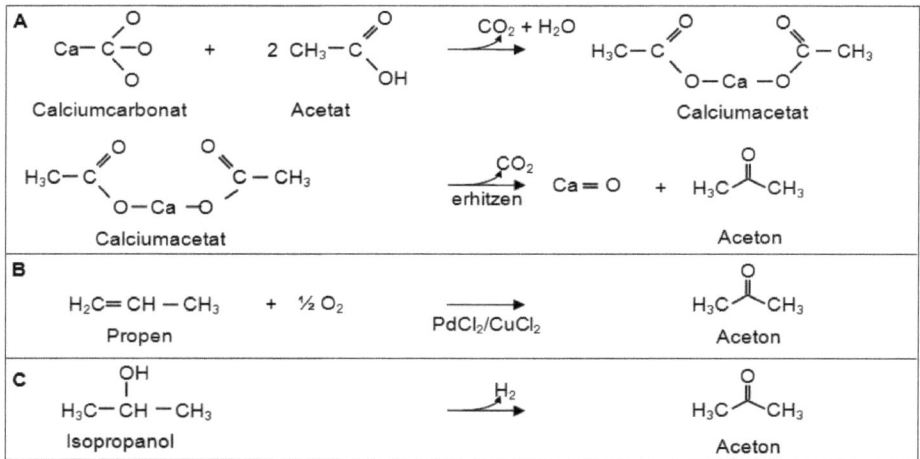

Abb. 1: Chemische Acetonherstellung:
A: Kalksalzdestillation, B: Propen-Direktoxidation, C: Isopropanol-Dehydrierung

1. Einleitung

Bis in die 50er-Jahre erfolgte die Acetonherstellung zusätzlich durch eine trockene Destillation von Calciumacetat (Abb. 1 A, Kalksalzdestillation), wobei das Calciumacetat durch Erhitzen in Aceton und Calciumoxid zerfällt. Derzeit erfolgt die Propen-Direktoxidation nach Wacker-Hoechst (Abb. 1 B). In diesem Verfahren wird Propen in Gegenwart eines Palladium-Katalysators bei 110 °C und 10 bis 14 bar direkt zu Aceton oxidiert. Ein weiteres Verfahren ist die katalytische Dehydrierung von Isopropanol an Kupfer bei einer Temperatur von 250 °C, bei der durch Abspaltung zweier Wasserstoffatome Aceton entsteht (Abb. 1 C). Mit rund 90 % des produzierten Acetons kommt dem Hock-Verfahren (Abb. 2, Cumolhydroperoxid-Verfahren) die größte Bedeutung zu (Weissermel und Arpe, 1998). Auf Basis der petrochemischen Rohstoffe Propen und Benzol dient das dreistufige Hock-Verfahren in erster Linie der Phenolherstellung, bei der pro Tonne Phenol 0,62 Tonnen Aceton als Koprodukt anfallen. Im ersten Schritt wird Benzol mit Propen und dem Katalysator Phosphorsäure oder Aluminiumchlorid in einer Friedel-Crafts-Alkylierung zu Cumol alkyliert. Das Cumol wird im zweiten Schritt bei Temperaturen von 90 °C bis 120 °C und Drücken von 0,5 bis 0,7 MPa zu Cumolhydroperoxid oxidiert. Im letzten Schritt erfolgt unter dem Einfluss starker Säuren die Spaltung von Cumolhydroperoxid in Phenol und Aceton.

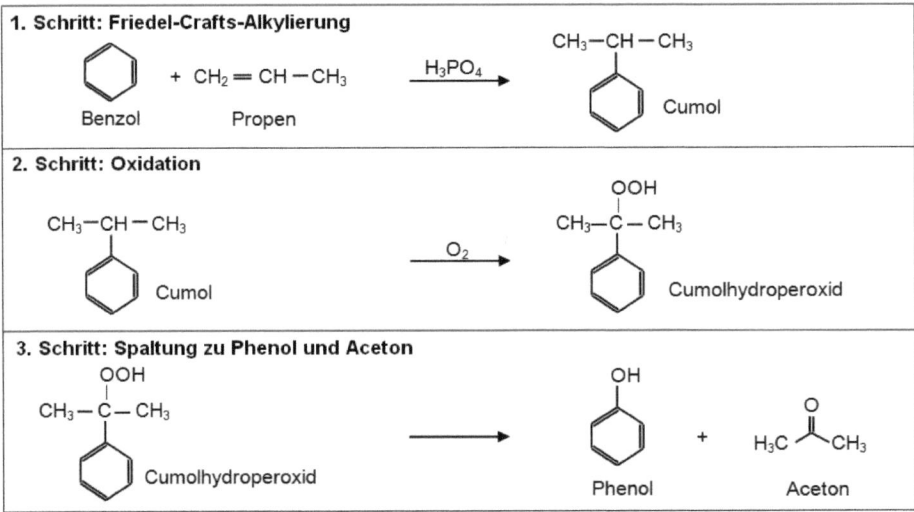

Abb. 2: Phenolsynthese nach Hock

1. Einleitung

Gegenwärtig sind Synthesen basierend auf Propen oder Benzol nicht zukunftsweisend, da diese durch "*cracken*" von Erdöl gewonnen werden. Bei der heutigen Situation der Weltwirtschaft und des schwankenden Ölpreises (Abb. 3) aufgrund von Verknappung und Spekulation, steigt das Interesse an günstigen Verfahrenstechniken.

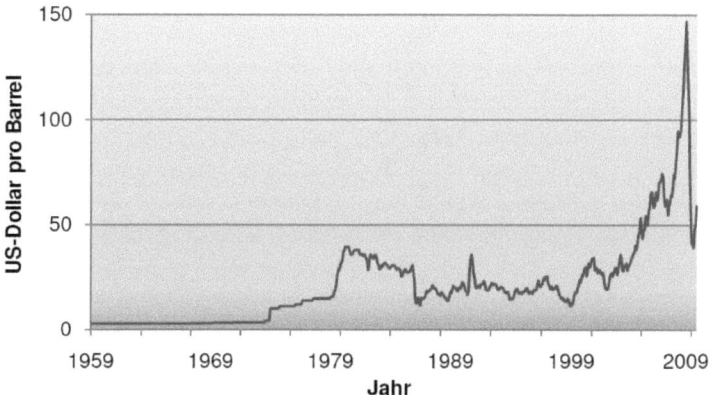

Abb. 3: Erdölpreisentwicklung von "West Texas Intermediate" seit 1959
http://research.stlouisfed.org/fred2/series/OILPRICE/downloaddata?cid=98

Aceton kann allerdings auch auf biotechnologischem Weg über die ABE-Fermentation mit Clostridien hergestellt werden. Bisher ist es aber nicht möglich, Aceton in einem Gärungsprozess wirtschaftlich rentabel herzustellen, da u.a. die Produktionskonzentrationen zu niedrig und die Aufarbeitungskosten zu hoch sind (Dürre *et al.*, 1992). Für eine kostengünstige Acetonproduktion müssen neue Stämme konstruiert werden, um damit eine Alternative zu den Verfahren auf Basis von Rohöl zu schaffen.
Um dies zu erreichen, sollten die für die Acetonproduktion nötigen Gene aus *C. acetobutylicum* durch plasmidbasierende Verfahren in *Escherichia coli* und *Corynebacterium glutamicum* gebracht werden. Die nötigen Enzyme und die dafür kodierenden Gene sind gut untersucht und die Sequenzen hinreichend bekannt (ThlA: Wiesenborn *et al.*, 1988; Stim-Herndon *et al.*, 1995; CtfAB: Wiesenborn *et al.*, 1989; Adc: Westheimer, 1969; Gerischer und Dürre, 1990). In beiden Organismen sollten neben dem von *C. acetobutylicum* bekanntem Stoffwechselweg zur Acetonproduktion neue Stoffwechselwege erstellt werden, sodass unter anderem eine Acetat-unabhängige Acetonproduktion initiiert werden kann.
Allerdings werden bisher für die industrielle ABE-Fermentation Nutzpflanzen eingesetzt, wie Zucker aus Melassen, Stärke aus Getreide wie Mais oder auch Süßkartoffeln (Ezeji *et al.*, 2005). Der Preis für diese Substrate war jahrelang stabil, allerdings ist er in den letzten

1. Einleitung

Jahren rapide gestiegen (Falksohn *et al.*, 2008). Die Konsequenz daraus ist jedoch nicht nur die Verteuerung der ABE-Produktion, es führt zudem auch zu Nahrungsmittelknappheit in Entwicklungsländern. Demnach müssen andere Substrate gefunden und eingesetzt werden.

Einige Mikroorganismen, sogenannte acetogene Organismen (Drake *et al.*, 2006; Drake, 1994) sind in der Lage, auf gasförmigen Substraten wie CO_2 und H_2 zu wachsen. Diese sind obligat anaerob und nutzen CO_2 als terminalen Elektronenakzeptor und bilden Acetat (Erstbeschreibung: Fischer *et al.*, 1932) über den sogenannten Wood-Ljungdahl-Weg (Ragsdale und Wood, 1985). *Clostridium aceticum* wurde als erstes acetogenes Bakterium 1936 isoliert und charakterisiert (Wieringa, 1940). Gegenwärtig zählen 21 Gattungen (Imkamp und Müller, 2007; Drake *et al.*, 2006) zu den Acetogenen, darunter auch einige Clostridien (Drake und Küsel, 2005). Durch die Fähigkeit, CO_2 als Substrat einsetzten zu können, bieten diese Organismen eine interessante Alternative zu Nutzpflanzen. Zudem stellen sie eine neue Strategie dar zur Reduktion der weltweit steigenden CO_2-Emission Abb. 4).

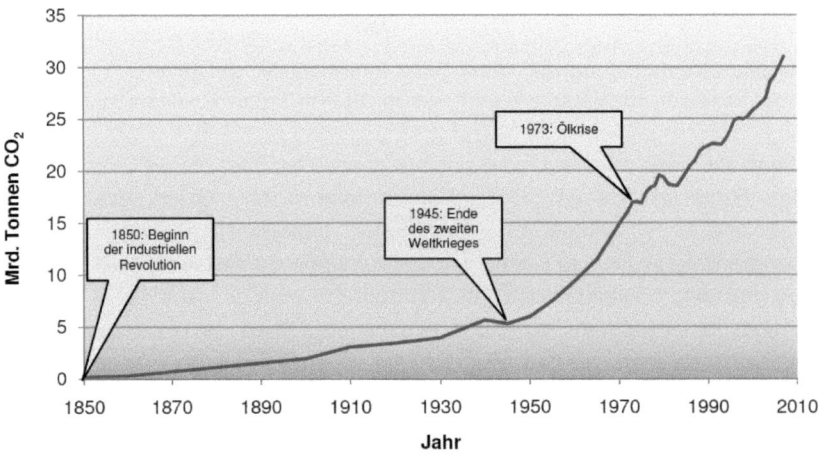

Abb. 4: Entwicklung des weltweiten CO_2-Ausstoßes von 1850 bis 2005 (Tréanton, 2009, mod.)

Die nahe Verwandtschaft von *C. aceticum* zu *C. acetobutylicum* könnte es möglich machen, die Gene für die Aceton-Produktion aus *C. acetobutylicum* einzubringen und dort zu exprimieren. Ein so gentechnisch veränderter Stamm könnte folglich aus CO_2 als

1. Einleitung

Substrat Aceton produzieren. Dies soll ausgehend von Acetyl-CoA erfolgen, welches sowohl das Hauptintermediat des Wood-Ljungdahl-Weges als auch das Ausgangsintermediat für die Aceton-Bildung in *C. acetobutylicum* darstellt. Ein weiterer Punkt stellte die Expression von *thlA* und *ctfAB* bzw. *thlA* und *atoDA* in *C. acetobutylicum* dar.

2. Material und Methoden

2.1 Bakterienstämme

Alle im Rahmen dieser Arbeit verwendeten Bakterienstämme sind in Tabelle 2 aufgeführt.

Tab. 2: Bakterienstämme

Stamm	Relevanter Geno- oder Phänotyp[1]	Herkunft / Referenz
Clostridium aceticum ATCC 35044	Typstamm	DSMZ, Braunschweig
Clostridium acetobutylicum ATCC 824	Typstamm	ATTC Manassas (USA)
Corynebacterium glutamicum ATCC 13032	Biotin-auxotropher Typstamm	DSMZ, Braunschweig
ATCC 13032 $\Delta gltA$	Deletion von *gltA*	diese Arbeit
Escherichia coli BL21 (DE3)	F$^-$ *dcm ompT hsdS*(r$_B^-$ m$_B^-$) *gal* λ (DE3)	Stratagene, La Jolla, (USA)
CA434	*hsdS* (rB^-mB^-) *supE44 thi-1 recAB ara-14 leuB5proA2 lacY1 galK rpsL20 (Str^R) xyl-5 mtl-1* (pACYC184::Sau5)	Purdy *et al.*, 2002
DH5α	F$^-$ φ *80dlacI^q* ZΔM15 Δ(*lacZYA-argF*) U169 *deoR recA1 endA1* (r$_k^-$, m$_k^+$) *phoA supE44* λ^- *thi-1 gyrA96 relA1*	Hanahan, 1985

2. Material und Methoden

Fortsetzung Tab. 2: Bakterienstämme

Stamm	Relevanter Geno- oder Phänotyp[1]	Herkunft / Referenz
ER2275	trp31 his1 tonA2 rpsL104 supE44 xyl-7 mtl-2 metB1 e14⁻ Δ(lac)U169 endA1 recA1 R(zgbZ10::Tn10) Tc^s Δ(mcr-hsd-mrr) 114::1510 (F´ proAB traD36 lacI^q Δ M15 zzf::mini Tn10 (Km^R))	Mermelstein und Papoutsakis, 1993
HB101	F⁻ thi-1 hsdS20 (r_B^- m_B^-) supE44 recA13 leuB6 ara-14 proA2 lacY1 galK2 xyl-5 mtl-1 rpsL20 (Sm^R)⁻	Boyer und Roullanddussoix, 1969
JM109	endA1 glnV44 thi-1 relA1 gyrA96 recA1 Δ(lac- proAB) e14⁻ (F' traD36 proAB⁺ lacI^q lacZΔM15) hsdR17	Yanisch-Perron et al., 1985
SURE	e14⁻ (McrA⁻) Δ(mcrCB-hsdSMR-mrr)171 endA1 supE44 thi-1 gyrA96 relA1 lac recB recJ sbcC umuC::Tn5 (Kan^R) uvrC (F' proAB⁺ lacI^{q}ZΔM15 Tn10 (Tet^R))	Stratagene, La Jolla, (USA)
WL3	adhC81 fadR adhE (F⁺ mel supF)	Lorowitz und Clark, 1982
XL1-Blue	Δ(mcrA)183 Δ(mcrCB-hsdSMR-mrr)173 endA1 supE44 thi-1 recA1 gyrA96 relA1 lac (F'proAB lacI^q ZΔM15 Tn10 (Tet^R))	Stratagene, La Jolla, (USA)

2. Material und Methoden

Fortsetzung Tab. 2: Bakterienstämme

Stamm	Relevanter Geno- oder Phänotyp[1]	Herkunft / Referenz
XL2-Blue	endA1 gyrA96 thi-1 hsdR17 supE44 recA1 relA1 lac (F' proAB+ lacI^q ZΔM15 Tn10 (Tet^R) Amy Cm^R)	Stratagene, La Jolla, (USA)

[1] für die Genotypabkürzungen siehe Bachmann (1990) und Berlyn (1998)

2.2 Plasmide

Alle eingesetzten und konstruierten Plasmide sind mit ihren relevanten Merkmalen in Tabelle 3 aufgelistet.

Tab. 3: Plasmide

Plasmid	Größe* (kBp)	Relevante Merkmale	Herkunft / Referenz
pEKEx-2	8,2	Km^R P$_{tac}$ lacI^q pBL1 oriV$_{C.g.}$ pUC18 oriV$_{E.c.}$	Eikmanns et al., 1994
pUC18	2,7	Ap^R lacPOZ' MB1 oriR	Vieira und Messing, 1982
pDRIVE	3,9	pMB1/ColE1 ori (rep) f1 ori Ap^R Km^R	Qiagen GmbH, Hilden
pIMP1	4,7	Ap^R MLS^R ColE1 oriR pIMP13oriR+	Mermelstein et al., 1992
pANS1[1]	6,2	pACYC184/p15A ori (rep), Sp^R, Methyltransferase-Gen des Phagen φ3T I	Böhringer, 2002
pIMPoriTori2	5,5	oMB1/ColE1 ori (rep), pIMP13ori (repL), oriT (traJ) Amp^R, Ery^R	Purdy et al., 2002

2. Material und Methoden

Fortsetzung Tab. 3: Plasmide

Plasmid	Größe* (kBp)	Relevante Merkmale	Herkunft / Referenz
pMTL007	11,8	pMB1/ColE1 ori (*rep*), pCB102, ori (*orfH*), oriT (*traJ*), *lacI*, P$_{fac}$, Cat^R, Gruppe II Intron (*ltrA*)	Heap *et al.*, 2007
pUC19_adc_tell_thlA	5,4	pUC19 mit *adc*, *thlA* und *tell* Ap^R *lac*POZ' MB1 *oriR*	Verseck *et al.*, 2007
pUC19_adc_ybgC_thlA	5,1	pUC19 mit *adc*, *thlA* und *ybgC* Ap^R *lac*POZ' MB1 *oriR*	Verseck *et al.*, 2007
pK18mobsacBΔgltA	7,4	Km^R, *ori* pBL1, *ori* colE1; Vektor zur Deletion von *gltA*	Claes *et al.*, 2002
pDrive_adc	4,6	*adc* aus *C. acetobutylicum* in pDrive	diese Arbeit
pDrive_ctfAB	5,2	*ctfAB* aus *C. acetobutylicum* in pDrive	diese Arbeit
pDrive_thlA	5,1	*thlA* aus *C. acetobutylicum* in pDrive	diese Arbeit
pUC_adc	3,4	*adc* aus *C. acetobutylicum* in pUC18	diese Arbeit
pUC_adc_thlA	4,6	*thlA* aus *C. acetobutylicum* in pUC_adc	diese Arbeit
pUC_adc_ctfAB_thlA	6,0	*ctfAB* aus *C. acetobutylicum* in pUC_adc_thlA	diese Arbeit
pEKEx_adc_ctfAB_thlA	11,4	*adc*, *ctfAB*, *thlA* aus pUC_adc_ctfAB_thlA in pEKEx-2	diese Arbeit

2. Material und Methoden

Fortsetzung Tab. 3: Plasmide

Plasmid	Größe* (kBp)	Relevante Merkmale	Herkunft / Referenz
pEKEx_adc_atoDA_thlA	11,4	Austausch von *ctfAB* gegen *atoDA* in pEKEx_adc_ctfAB_thlA	diese Arbeit
pEKEx_adc_teII_thlA	10,9	Austausch von *ctfAB* gegen *teII* in pEKEx_adc_ctfAB_thlA	diese Arbeit
pEKEx_adc_ybgC_thlA	10,6	Austausch von *ctfAB* gegen *ybgC* in pEKEx_adc_ctfAB_thlA	diese Arbeit
pIMP_adc_ctfAB_thlA	8,0	*adc*, *ctfAB*, *thlA* aus pEKEx_adc_ctfAB_thlA in pIMP1	diese Arbeit
pIMP_adc_ctfAB_thlA$_{Pro}$	8,6	*adc*, *atoDA*, *thlA* aus pEKEx_adc_atoDA_thlA in pIMP1	diese Arbeit
pIMP_adc_atoDA_thlA$_{Pro}$	8,6	Austausch von *ctfAB* gegen *atoDA* in pIMP_adc_ctfAB_thlA$_{Pro}$	diese Arbeit
pIMP_adc_teII_thlA$_{Pro}$	8,0	Austausch von *ctfAB* gegen *teII* in pIMP_adc_ctfAB_thlA$_{Pro}$	diese Arbeit
pIMP_adc_ybgC_thlA$_{Pro}$	7,7	Austausch von *ctfAB* gegen *ybgC* in pIMP_adc_ctfAB_thlA$_{Pro}$	diese Arbeit
pIMP_ctfAB_thlA$_{Pro}$	7,8	*ctfAB* und *thlA* aus *C. acetobutylicum* in pIMP1	diese Arbeit

2. Material und Methoden

Fortsetzung Tab. 3: Plasmide

Plasmid	Größe* (kBp)	Relevante Merkmale	Herkunft / Referenz
pIMP_atoDA_thlA$_{Pro}$	7,8	atoDA aus E. coli und thlA aus C. acetobutylicum in pIMP1	diese Arbeit

* Bei der Berechnung der Plasmidgröße wurde mathematisch gerundet
[1] Teile der Sequenz sind nicht bekannt

2.3 Oligodesoxynukleotide

Alle in der vorliegenden Arbeit eingesetzten Oligodesoxynukleotide wurden von der biomers.net GmbH, Ulm bezogen und sind in Tabelle 4 aufgelistet, eingefügte Erkennungssequenzen für Restriktionsenzyme sind hervorgehoben. Die Oligodesoxynukleotide wurden mit sterilem Wasser auf eine Konzentration von 100 pmol µl^{-1} eingestellt und bei -20 °C gelagert.

Tab. 4: Oligodesoxynukleotide

Name	Sequenz (5' → 3')	Enzym
adc_fw	GGAA**GGTACC**TTTTATG	Acc65I
adc_rev	GTAACTCT**GAATTC**TATTACTTAAG	EcoRI
atoDA_fw	CACAACGGT**GGATCC**AAGAG	BamHI
atoDA_rev	CGCGATAT**GGTACC**AATCAT	Acc65I
atoDA_fw_AA	CGGT**GGATCC**AAGAGGG	BamHI
atoDA_rev_AA	CATAAAACGC**GAATTC**CGAC	EcoRI
ctfAB_fw	GAATTTAAAAGGAG**GGATCC**AAATGAAC	BamHI
ctfAB_rev	GTTTCATAGTATT**GGTACC**TAAACAGC	Acc65I
ctfAB_fw_AA	GGAG**GGATCC**AAATGAAC	BamHI
ctfAB_rev_AA	GTTTCATA**GAATTC**GTACCTAAACA	EcoRI
delta-gltA_fw	GTGCACCAGTCCACTTATTG	-
delta-gltA_rev	CAGGAAGAGTCAAACTCCTC	-
thlA_fw	GGTTTATCT**GTCGAC**CCGTATC	SalI
thlA_fw$_{Pro}$	CTCAG**GTCGAC**TTCAAGAAG	SalI
thlA_rev	CAGAGTTATTTTTAA**GGATCC**TTTCTAGC	BamHI
ASO_fw	GTTATTGGGAGGTCAATC	-
ASO_rev	CTCTTCGCTATTACGCCAG	-

2. Material und Methoden

Fortsetzung Tab 4: Oligodesoxynukleotide

Name	Sequenz (5' → 3')	Enzym
thlA_fw$_{Pro}$_AA	GACTGACTCAG**GTCGA**CTTC	*Sal*I
thlA_rev_AA	GAA**GGATCC**TTTCTAGCAATAGC	*Bam*HI
N_16S_fw	CAAGGACGAAAACGCACCTG	-
N_16S_rev	GTGAGTTTCGCGTCCTTGTC	-
N_adc_fw	CATTAACTTCGCCTGCATTTC	-
N_adc_rev	GGGCGACAAATTTGATCC	-
N_atoDA_fw	GTCGTAGAGGAAGGCAAACAGAC	-
N_atoDA_rev	CTCCGGTAAATAATTGGCGAC	-
N_ctfAB_fw	GATCTGGCTTAGGTGGTGTAC	-
N_ctfAB_rev	CATGGTAGGAAGACCTACAC	-
N_gap_fw	CAAGTTCGACTCCATCATGG	-
N_gap_rev	CGAACTTGTCGTTTAGGACC	-
N_thl_fw	GCTGACGTAATAATAGCAG	-
N_thl_rev	CCAAATCTAGGGTGCTCATC	-
16S_fw[1]	CCGAATTCGTCGACAACAGAGTTTGATCCTGGCTCAG	-
16S_rev[1]	CCCGGGATCCAAGCTTACGGCTACCTTGTTACGACTT	-

[1] Weisberg *et al.*, 1991

2.4 Nährmedien und Kultivierungsbedingungen

2.4.1 Nährmedien und Medienzubereitung

Für die Herstellung von Flüssigmedien wurden die jeweiligen Substanzen eingewogen, mit Wasser aus der Reinstwasseranlage versetzt und gelöst. Nach Einstellen des pH-Wertes wurden die Medien für mindestens 15 Minuten bei 121 °C und 1,2 bar Druck autoklaviert. Um chemische Reaktionen einzelner Komponenten untereinander zu verhindern, wurden diese separat autoklaviert und dem Medium erst vor Gebrauch zugegeben. Hitzelabile Komponenten wurden nach dem Lösen steril filtriert und dem autoklavierten, abgekühlten Medium vor Benutzung zugesetzt.

Für die Herstellung fester Nährmedien wurde den Lösungen, sofern es nicht anders vermerkt ist, vor dem Autoklavieren 1,5 % (w/v) Agar zugegeben. Direkt nach dem

2. Material und Methoden

Autoklavieren wurden diese gegebenenfalls mit Antibiotika (2.4.3) versetzt und in Petrischalen gegossen. Nach dem Gießen wurden die Platten über Nacht getrocknet und anschließend bis zur Verwendung bei 4 °C gelagert.

BHI-Medium

Brain-Heart-Infusion	37 g	3,7 % (w/v)	
H_2O	ad 1000 ml		pH 7,2

BHIS-Medium (Liebl et al., 1989)

Brain-Heart-Infusion	37 g	3,7 % (w/v)	
Sorbit	91 g	0,5 M	
H_2O	ad 1000 ml		pH 7,2

Die beiden Komponenten wurden getrennt angesetzt und nach dem Autoklavieren steril zusammengegeben.

CG-Medium (Hartmanis und Gatenbeck, 1984; mod.)

$(NH_4)_2SO_4$	2 g	17,1	mM
K_2HPO_4	1 g	5,7	mM
KH_2PO_4	500 mg	3,7	mM
$MgSO_4 \times 7\ H_2O$	100 mg	0,4	mM
$FeSO_4 \times 7\ H_2O$	15 mg	54,0	µM
$MnSO_4 \times H_2O$	10 mg	59,2	mM
$CoCl_2 \times 6\ H_2O$	2 mg	8,4	µM
$ZnSO_4 \times 7\ H_2O$	2 mg	7,0	µM
$CaCl_2$	10 mg	90,0	µM
Trypton	2 g	0,2	% (w/v)
Hefeextrakt	1 g	0,1	% (w/v)
Glucose x H_2O	50 g	252,3	mM
H_2O	ad 1000 ml		pH 7

Alle Komponenten wurden eingewogen, der Redoxindikator Resazurin (1 mg l^{-1}) zugesetzt und in der Anaerobenkammer mit anaerobem Wasser versetzt, abgefüllt und autoklaviert.

2. Material und Methoden

CgC-Medium (Kase und Nakayama, 1972; mod.)

$(NH_4)_2SO_4$	5	g	37,8 mM
Harnstoff	5	g	83,3 mM
MOPS	21	g	0,1 M
K_2HPO_4	1	g	5,7 mM
KH_2PO_4	1	g	7,3 mM
$MgSO_4$	250	mg	2,1 mM
$CaCl_2$	10	mg	90,0 µM
Biotin-Stammlösung (200 mg l^{-1})	1	ml	0,8 µM
Spurenelement-Stammlösung	1	ml	0,1 % (v/v)
H_2O	ad 1000	ml	pH 6,8

Alle Komponenten wurden in Wasser gelöst, der pH mit 1 N NaOH eingestellt, abgefüllt und autoklaviert. Die Stammlösungen wurden sterilfiltriert und vor Gebrauch zugegeben.

Spurenelement-Stammlösung für CgC-Medium

$FeSO_4 \times 7\ H_2O$	16	g	59,0 mM
$MnSO_4 \times H_2O$	10	g	59,0 mM
$CuSO_4$	200	mg	1,3 mM
$ZnSO_4 \times 7\ H_2O$	1	g	3,5 mM
$NiCl_2$	2	mg	84,0 µM
H_2O	ad 1000	ml	

Zu den Komponenten wurden 800 ml Wasser gegeben und mit 37 %iger Salzsäure angesäuert, bis die Salze gelöst waren. Anschließend wurde das Endvolumen eingestellt, sterilfiltriert und in einer Müller-Krempel-Flasche unter N_2-Atmosphäre aufbewahrt.

2. Material und Methoden

***Clostridium aceticum*-Medium** (DSMZ Medium 135, mod.)

NH_4Cl	1,00 g	18,7 mM
KH_2PO_4	0,33 g	2,4 mM
K_2HPO_4	0,45 g	2,6 mM
$MgSO_4 \times 7\ H_2O$	0,10 g	0,4 mM
Spurenelementlösung	20,00 ml	2,0 % (v/v)
Vitaminlösung	20,00 ml	2,0 % (v/v)
Hefeextrakt	2,00 g	0,2 % (w/v)
$NaHCO_3$	10,00 g	0,1 M
Cystein-HCl $\times\ H_2O$	0,50 g	2,8 mM
$Na_2S \times 9\ H_2O$	0,50 g	2,1 mM
H_2O	*ad* 1000 ml	

Alle Komponenten wurden eingewogen, gelöst und auf Müller-Krempel-Flaschen oder Hungates aufgeteilt. Anschließend wurde mit einer 80 % N_2, 20 % CO_2 Gasmischung begast bis ein pH von 7,4 erreicht war. Nach dem Autoklavieren wurde steril 25 ml l^{-1} einer 5 %igen Na_2CO_3-Lösung zugegeben um einen pH von 8,2 zu erreichen. Zusätzlich wurde Fructose steril zu einer Endkonzentration von 1 % zugegeben. Für autotrophes Wachstum wurde eine Gasatmosphäre von 80 % H_2 und 20 % CO_2 verwendet. Für Platten wurde das Medium mit 1,5 % Agar versetzt.

Spurenelementlösung für *C. aceticum*-Medium

Nitrilotriessigsäure	2,0 g	10,5 mM
$MnSO_4 \times H_2O$	1,0 g	6,0 mM
$Fe(SO_4)_2\ (NH_4)_2 \times 6\ H_2O$	0,8 g	2,0 mM
$CoCl_2 \times 6\ H_2O$	0,2 g	0,9 mM
$ZnSO_4 \times 7\ H_2O$	0,2 mg	0,7 µM
$CuCl_2 \times 2\ H_2O$	20,0 mg	0,1 mM
$NiCl_2 \times 6\ H_2O$	20,0 mg	80,0 µM
$Na_2MoO_4 \times 2\ H_2O$	20,0 mg	80,0 µM
Na_2SeO_4	20,0 mg	80,0 µM
Na_2WO_4	20,0 mg	60,0 µM
H_2O	*ad* 1000 ml	

Zuerst wurde die Nitrilotriessigsäure vollständig in Wasser gelöst, der pH-Wert mit Kaliumhydroxid auf 6,0 eingestellt und anschließend alle anderen Komponenten darin gelöst.

2. Material und Methoden

Vitaminlösung für *C. aceticum*-Medium

Biotin	2,0 mg	8,0 µM
Folsäure	2,0 mg	4,5 µM
Pyridoxin-HCl	10,0 mg	49,0 µM
Thiamin-HCl	5,0 mg	15,0 µM
Riboflavin	5,0 mg	13,0 µM
Nicotinsäureamid	5,0 mg	41,0 µM
Calcium D-(+)-Pantothenat	5,0 mg	10,5 µM
Cyanocobalamin	0,1 mg	74,0 µM
p-Aminobenzoesäure	5,0 mg	36,0 µM
α-Liponsäure	5,0 mg	24,0 µM
H_2O	ad 1000 ml	**pH 4,3**

Evonik-Produktionsmedium für *C. glutamicum*

Saccharose	80,0 g	233,70 mM
$(NH_4)_2SO_4$	7,0 g	53,00 mM
Hefeextrakt	10,0 g	1,00 % (w/v)
KH_2PO_4	0,8 g	5,50 mM
K_2HPO_4	0,4 g	2,20 mM
$MgSO_4 \times 7\ H_2O$	1,8 g	7,10 mM
$FeSO_4 \times 7\ H_2O$	10,0 mg	36,00 µM
Thiamin-HCl	0,5 mg	1,50 µM
$MnSO_4 \times H_2O$	5,0 mg	30,00 µM
Antischaum	0,7 g	0,07 % (v/v)
$CaCO_3$	30,0 g	300,00 mM
Biotin	0,3 mg	1,00 µM
H_2O	ad 1000 g	**pH 7,5**

2. Material und Methoden

Evonik-Produktionsmedium für *E. coli*

Saccharose	80,0 g	233,70	mM
$(NH_4)_2SO_4$	6,5 g	50,00	mM
Hefeextrakt	10,0 g	1,00	% (w/v)
KH_2PO_4	0,4 g	2,80	mM
K_2HPO_4	0,8 g	4,30	mM
$MgSO_4 \times 7\ H_2O$	1,3 g	5,10	mM
$FeSO_4 \times 7\ H_2O$	10,0 mg	36,00	µM
Thiamin-HCl	0,5 mg	1,50	µM
$MnSO_4 \times H_2O$	5,0 mg	30,00	µM
Antischaum	0,7 g	0,07	% (v/v)
$CaCO_3$	30,0 g	300,00	mM
H_2O	*ad* 1000 g		**pH 7,5**

LB-Medium (Sambrook und Russell, 2001)

Trypton	10 g	1,0	% (w/v)
NaCl	10 g	171,0	mM
Hefeextrakt	5 g	0,5	% (w/v)
H_2O *ad* 1000 ml			**pH 7**

SD8-Medium (Luli und Strohl, 1990)

NH_4Cl	7 g	131,60	mM
KH_2PO_4	7,5 g	55,20	mM
$Na_2HPO_4 \times 2\ H_2O$	7,5 g	42,10	mM
K_2SO_4	0,85 g	4,90	mM
$MgSO_4 \times 7\ H_2O$	0,17 g	0,70	mM
Spurenelementlösung	0,8 ml	0,08	% (v/v)
Hefeextrakt	10 g	1,00	% (w/v)
Glucose x H_2O	20 g	101,00	mM
H_2O	*ad* 1000 ml		**pH 7**; eingestellt mit 5 M NH_4OH

Die Glucose wurde separat autoklaviert und kurz vor Gebrauch zugegeben.

2. Material und Methoden

Spurenelementlösung für SD8-Medium

$FeSO_4 \times 7\ H_2O$	40 g	144,0 mM
$MnSO_4 \times H_2O$	10 g	59,0 mM
$Al_2(SO_4)_3 \times 18\ H_2O$	55 g	82,5 mM
$CoCl \times 6\ H_2O$	4 g	17,0 mM
$ZnSO_4 \times 7\ H_2O$	2 g	7,0 mM
$Na_2MoO_4 \times 2\ H_2O$	2 g	8,3 mM
$CuCl_2 \times 2\ H_2O$	1 g	5,9 mM
H_3BO_3	500 mg	8,1 mM
HCl (5 M)	*ad* 1000 ml	

SOB-Medium (Sambrook und Russell, 2001; mod.)

Trypton	5,00 g	2,0 % (w/v)	
Hefeextrakt	1,50 g	0,6 % (w/v)	
NaCl	0,14 g	9,6 mM	
KCl	0,48 g	25,8 mM	
$MgCl_2 \times 6\ H_2O$	0,51 g	10,0 mM	
$MgSO_4 \times 7\ H_2O$	0,61 g	9,9 mM	
H_2O	*ad* 250 ml		pH 7

Die Magnesium-Salze wurden getrennt gelöst und autoklaviert. Die Zugabe zum übrigen Medium erfolgte kurz vor Gebrauch.

SOC-Medium (Sambrook und Russell, 2001; mod.)

Trypton	20,00 g	2,0 % (w/v)	
Hefeextrakt	5,00 g	0,5 % (w/v)	
NaCl	0,50 g	10,0 mM	
KCl	0,19 g	2,5 mM	
$MgCl_2 \times 6\ H_2O$	2,03 g	10,0 mM	
$MgSO_4 \times 7\ H_2O$	2,46 g	10,0 mM	
Glucose $\times\ H_2O$	3,96 g	20,0 mM	
H_2O	*ad* 1000 ml		pH 7

2. Material und Methoden

Sporulationsmedium (Monot *et al.*, 1982, mod.)

$CaCO_3$	1,1 g	11,0 mM
KH_2PO_4	1,1 g	8,1 mM
K_2HPO_4	1,1 g	6,3 mM
$(NH_4)_2SO_4$	2,3 g	17,4 mM
$MgSO_4 \times 7\ H_2O$	0,1 g	0,4 mM
H_2O	*ad* 1000 ml	

Alle Komponenten wurden eingewogen, mit anaerobem Wasser versetzt und zu je 4,4 ml in Hungates abgefüllt und autoklaviert. Vor Verwendung des Mediums wurden je 1 ml der Butyratstammlösung (0,1 M) und der Spurenelement- / Vitaminlösung zu 10 ml 1 %iger Glucose gegeben und aus dieser Mischung 600 µl zum Grundmedium gegeben.

Spurenelement- / Vitaminlösung für Sporulationsmedium

NaCl	10,0 mg	170,0 µM
$NaMo_4 \times 2\ H_2O$	10,0 mg	40,0 µM
$CaCl_2 \times 2\ H_2O$	10,0 mg	70,0 µM
$MnSO_4 \times H_2O$	15,0 mg	90,0 µM
$FeSO_4 \times 7\ H_2O$	15,0 mg	50,0 µM
p-Aminobenzoesäure	2,0 mg	10,0 µM
Thiamin- HCl	2,0 mg	6,0 µM
Biotin	0,1 mg	0,4 µM
H_2O	*ad* 1000 ml	

Alle Komponenten wurden eingewogen und mit anaerobem Wasser versetzt.

2. Material und Methoden

TM3a-Medium (Donaldson *et al.*, 2007)

Glucose x H_2O	11,0 g	55,50	mM
KH_2PO_4	13,6 g	100,00	mM
Citronensäure x H_2O	2,0 g	9,50	mM
$(NH_4)_2SO_4$	3,0 g	22,70	mM
$MgSO_4$ x 7 H_2O	2,0 g	8,10	mM
$CaCl_2$	0,2 g	1,80	mM
$C_6H_{11}FeNO_7$	0,3 g	1,30	mM
Thiamin-HCl	1,0 mg	3,00	µM
Hefeextrakt	0,5 g	0,05	% (w/v)
Spurenelementlösung	10,0 ml	1,00	% (v/v)
H_2O	ad 1000 ml		**pH 6,8**

Die Glucose wurde separat autoklaviert und kurz vor Gebrauch zugegeben.

Spurenelementlösung für TM3a-Medium

Citronensäure x H_2O	4,0 g	19,00	mM
$MnSO_4$ x H_2O	3,0 g	17,70	mM
NaCl	1,0 g	17,10	mM
$FeSO_4$ x 7 H_2O	0,1 g	0,36	mM
$CoCl_2$ x 6 H_2O	0,1 g	0,42	mM
$ZnSO_4$ x 7 H_2O	0,1 g	0,35	mM
$CuSO_4$ x 5 H_2O	10,0 mg	40,00	µM
H_3BO_3	10,0 mg	0,16	mM
Na_2MoO_4 x 2 H_2O	10,0 mg	41,00	µM
H_2O	*ad* 1000 ml		**pH 2,7**

Für die Herstellung der Spurenelementlösung wurde zuerst die Citronensäure eingewogen und gelöst und danach die restlichen Substanzen zugegeben. Die Lagerung erfolgte bei 4 °C.

2. Material und Methoden

TY-Medium (Sambrook und Russell, 2001)

Trypton	16 g	1,6 % (w/v)
NaCl	5 g	86,0 mM
Hefeextrakt	10 g	1,0 % (w/v)
H_2O	*ad* 1000 ml	**pH 7**

Um anaerobes TY-Medium herzustellen, wurden alle Komponenten eingewogen und in der Anaerobenkammer mit anaerobem Wasser versetzt, abgefüllt und autoklaviert.

2.4.2 Wässrige Lösungen und Puffer

Alle in dieser Arbeit verwendeten Lösungen und Puffer wurden mit Wasser aus der Reinstwasseranlage hergestellt. Die Herstellung ist bei der entsprechenden Methode angegeben.

2.4.3 Medienzusätze

Alle in dieser Arbeit verwendeten Medienzusätze wurden in ihrem jeweiligen Lösungsmittel angesetzt, so wie es Tabelle 5 zu entnehmen ist. Antibiotika wurden als 1000fach konzentrierte Stammlösung angesetzt und in abgekühlte Medien gegeben oder kurz vor Gebrauch dem Medium zugesetzt.
Alle Zusätze wurden steril filtriert, aliquotiert und bei -20 °C gelagert. Lichtsensitive Zusätze wurden stets vor Lichteinwirkung geschützt. Nachfolgend sind die verwendeten Substanzen und deren eingesetzte Wirkkonzentrationen aufgelistet.

Tab. 5: Medienzusätze

Medienzusatz	Lösungsmittel	Stammkonzentration (mg ml^{-1})	Endkonzentration (µg ml^{-1})
Ampicillin	H$_2$O	100	100
Clarithromycin[1]	H$_2$O	5	5
Colistin	H$_2$O	10	10
Kanamycin	H$_2$O	50	25 / 50
Tetracyclin[2]	DMF	20	20
Thiamphenicol[2]	DMF	15	15
IPTG	96 % (v/v) Ethanol	24	24
X-Gal[2]	DMF	20	40

[1]Zur Herstellung von Clarithromycin wurde dieses eingewogen, in mit HCl angesäuertem Wasser (pH 2) gelöst und anschließend mit NaOH ein pH von 6,7 bis 7 eingestellt.
[2] lichtsensitiv

2.4.4 Kultivierungsbedingungen

Die Anzucht von aeroben Kulturen erfolgte bis zu einem Volumen von 5 ml in Reagenzgläsern. Bei größeren Volumina wurden Erlenmeyerkolben mit Schikanen verwendet. Um hier eine ausreichende Versorgung mit Sauerstoff zu gewährleisten, wurden diese auf einem Rundschüttler inkubiert und Agarplatten im Brutschrank. Das Wachstum von *E. coli*-Kulturen erfolgte bei 37 °C und 150 Upm, das von *C. glutamicum*-Kulturen bei 30 °C und 120 Upm.
Die Kultivierung von *C. acetobutylicum* und *C. aceticum* erfolgte unter anaeroben Bedingungen. Die optimale Wachstumstemperatur für *C. acetobutylicum* liegt bei 37 °C und für *C. aceticum* bei 30 °C. Bis zu einem Volumen von 5 ml erfolgte die Anzucht in Hungate-Röhrchen (Bellco Glass Inc.; Vineland (USA)) mit Butylgummistopfen (Ochs GmbH, Bovenden) und Schraubdeckeln. Größere Volumina wurden in 125-ml-Müller-Krempel-Flaschen (Müller & Krempel AG, Bülach (Schweiz)) mit Naturgummistopfen (Maag Technic GmbH, Göppingen) und Edelstahldeckeln angezogen. Wachstum auf Agarplatten fand im Brutschrank in der Anaerobenkammer statt.

2. Material und Methoden

2.4.5 Stammhaltung

Zur Stammhaltung von *E. coli-* und *C. glutamicum*-Stämmen wurden Glycerinkulturen (Gherna, 1994) angelegt. Dazu wurden 500 µl einer über Nacht gewachsenen Kultur zu 500 µl sterilem 50 %igen (v/v) Glycerin in ein 2-ml-Schraubdeckelröhrchen gegeben, suspendiert und bei -80 °C gelagert.
C. acetobutylicum wurde in Form von Sporensuspensionen aufbewahrt. Zur Herstellung dieser wurde Sporulationsmedium mit 500 µl einer CGM-Übernachtkultur inokuliert und für 3-6 Tage bei 37 °C inkubiert. Zur Kontrolle der Sporulation wurde die Kultur unter dem Mikroskop kontrolliert und die Sporensuspension anschließend in 2-ml-Schraubdeckelröhrchen aliquotiert. Diese wurden aerob bei -20 °C aufbewahrt. Zur Reaktivierung der Sporen wurden diese 10 Minuten bei 80 °C pasteurisiert und anschließend mit einer sterilen Spritze in 5 ml Medium injiziert.
Zur Stammhaltung von *C. aceticum* wurden 10 ml einer Zweitageskultur anaerob sedimentiert und das Sediment mit 1 ml sterilem, anaerobem 50 %igen (v/v) Glycerin versetzt, suspendiert und bei -80 °C gelagert.

2.5 Bestimmung von Wachstums- und Stoffwechselparametern

2.5.1 Bestimmung der optischen Dichte

Durch die Bestimmung der optischen Dichte (OD) konnte der Wachstumsverlauf von Bakterienkulturen verfolgt werden. Dies erfolgte in 1-ml-Halbmikroküvetten (VWR International GmbH, Darmstadt) mit einer Schichtdicke von 1 cm in einem Spektralphotometer bei einer Wellenlänge von 600 nm. Das entsprechende Medium diente als Leerwert und wurde gegebenenfalls auch zum Herstellen einer Verdünnung eingesetzt, was ab einer optischen Dichte von 0,3 nötig ist, um die Linearität der Messwerte zu gewährleisten.

2.5.2 Messung des pH-Wertes

Um den pH-Wert von Bakterienkulturen zu bestimmen, wurden 2 ml in ein Eppendorfgefäß überführt und für mindestens 2 Minuten bei 10.000 g zentrifugiert. Der zellfreie Überstand wurde in ein Reagenzglas überführt und unter Verwendung eines pH-Meters gemessen.

2.5.3. Glucosebestimmung

Die Bestimmung der Glucosekonzentration erfolgte durch einen gekoppelten enzymatischen Test (Bergmeyer, 1974; mod.). Das Enzym Hexokinase katalysiert die Reaktion von Glucose und ATP zu Glucose-6-Phosphat, diese Reaktion ist unspezifisch, da das Enzym Hexokinase neben Glucose auch andere Hexosen umsetzen kann. Im zweiten Schritt wird Glucose-6-Phosphat mit $NADP^+$ durch die Glucose-6-Phosphat-Dehydrogenase spezifisch zu 6-Phosphogluconolacton umgesetzt. Das gebildete NADPH + H^+ ist der in der Probe enthaltenen D-Glucose äquivalent und kann bei 365 nm im Photometer bestimmt werden.

$$\text{Glucose + ATP} \xrightarrow{\text{Hexokinase}} \text{Glucose-6-Phosphat + ADP}$$

$$\text{Glucose-6-Phosphat} + NADP^+ \xrightarrow{\text{Glucose-6-Phosphat-Dehydrogenase}} \text{6-Phosphogluconolacton} + NADPH + H^+$$

Nachfolgend ist die Zusammensetzung für die Glucosebestimmung gezeigt:

0,4 M Tris mit 4 µM $MgSO_4$; pH 7,6	500 µl
$NADP^+$ (44 mg ml^{-1}, 1:10)	100 µl
ATP (96 mg ml^{-1}, 1:10)	100 µl
Probe	100 µl
H_2O	ad 1000 µl

Für jeden Ansatz wurde 1 ml Probe entnommen und 10 min bei 10.000 g zentrifugiert. Der zellfreie Kulturüberstand wurde in ein neues Reaktionsgefäß überführt, entsprechend verdünnt und zum Testansatz gegeben. Durch Zugabe von 10 µl Hexokinase/Glucose-6-Phosphat-Dehydrogenase (3 mg ml^{-1}) wurde die Reaktion gestartet. Nach gutem Mischen erfolgte eine Inkubation für 15 Minuten bei Raumtemperatur und die photometrische Bestimmung des gebildeten NADPH + H^+ bei 365 nm (E_2). Als Leerwert wurde der entsprechende Testansatz genutzt, wobei anstelle der Probe Wasser eingesetzt wurde (E_1).

2. Material und Methoden

Für die Berechnung der Glucosekonzentration (mM) gilt:

$$c_{Glucose} = \frac{V_{gesamt} * \Delta E}{\varepsilon * d + V_{Probe}}$$

$\Delta E = E_1 - E_2$
$d = 1$ cm
$\varepsilon = 3,4$ l (mmol * cm)$^{-1}$

2.5.4 Gaschromatographische Analysen

Die Analyse und Quantifizierung produzierter Säuren und Lösungsmittel einer Bakterienkultur erfolgte in einem Chrompack CP9001-Gaschromatographen (Varian Deutschland GmbH, Darmstadt) mit Flammenionisationsdetektor. Hierfür wurde mindestens 1 ml Probe entnommen und diese zentrifugiert (10.000 g, 10 min). Sofern die Messung nicht sofort erfolgte, wurde der zellfreie Überstand bei -20 °C aufbewahrt. 1 ml des Überstandes oder eine entsprechende Verdünnung wurde in ein Rollrandgefäß (Chromatographie Service GmbH, Langerwehe) überführt, mit 100 µl einer internen Standardlösung (110 mM Isobutanol in 2 N HCl) versetzt und mit einer Bördelkappe (Chromatographie Service GmbH, Langerwehe) gasdicht verschlossen. Der Probenauftrag (1 µl) erfolgte mit einer Hamilton-Spritze (Hamilton Bonaduz AG, Bonaduz (Schweiz)) mittels eines automatischen Probengebers (CTC Analytics AG, Zwingen (Schweiz)). Die verwendete Säule erlaubt sowohl Wechselwirkungen mit Alkoholen, als auch mit Carbonsäuren, wodurch Acetat, Acetoin, Aceton, Butanol, Butyrat und Ethanol detektiert werden können.

2. Material und Methoden

Die Analysen wurden unter folgenden Chromatographiebedingungen durchgeführt:

    Säule: Glas, gepackt (i$\varnothing$ 2 mm x 2 m)
    Säulenpackung: Chromosorb 101 (80-100 *mesh*)
    Trägergas: N_2 (33,5 ml min^{-1})
    Injektortemperatur: 195 °C
    Detektortemperatur: 230 °C
    Temperaturprofil: 130 °C für 1 min
                         von 130 °C auf 200 °C mit 4 °C min^{-1}
                         200 °C für 3 min

Die Auswertung erfolgte unter Verwendung der Computersoftware "Maestro Sampler II". Für die Quantifizierung erfolgten Kalibrierläufe mit einer Kalibrierlösung, die die zu analysierenden Substanzen jeweils in einer Konzentration von 5 mM und 10 mM der internen Standardlösung enthielt.

2.5.5 Bestimmung der Citratsynthase-Aktivität

Die Bestimmung der Citratsynthase-Aktivität erfolgte nach der Methode von Srere (1969; mod.). Die Citratsynthase katalysiert die Kondensation von Oxalacetat und Acetyl-CoA zu Citrat und Coenzym A (CoA-SH).

    Oxalacetat + Acetyl-CoA + H_2O ⟶ Citrat + CoA-SH

Das so gebildete CoA-SH reagiert irreversibel mit 5,5`-Dithio-bis 2-nitro-benzoesäure (DTNB, Ellman`s Reagenz, Ellman 1959) zu Thionitrobenzoesäure (TNB).

    CoA-SH + DTNB ⟶ TNB + CoA-S-S-TNB

Der lineare Anstieg von TNB kann bei 412 nm nachgewiesen und quantifiziert werden. Somit kann das umgesetzte Acetyl-CoA / Propionyl-CoA indirekt über das gebildete TNB gemessen werden.

2. Material und Methoden

Auf der Basis des ermittelten ΔE/min kann die enzymatische Aktivität (U) wie folgt berechnet werden:

$$\text{Aktivität (U)} = \frac{\Delta E/min * V_{gesamt}}{\varepsilon * d * V_{Probe}}$$

ΔE/min = Änderung der Extinktion pro Minute (min^{-1})
d = 1 cm
ε = 0,0136 (µmol * cm)$^{-1}$

Für die Berechnung der spezifischen Aktivität (U mg^{-1}) wurde die Proteinkonzentration des Zellextraktes mit einbezogen und lässt sich wie folgt berechnen:

$$\text{spez. Aktivität (U mg}^{-1}\text{)} = \frac{\Delta E/min * V_{gesamt}}{\varepsilon * d * V_{Probe} * \text{Proteinkonzentration}}$$

Für die Messung der Citratsynthase-Aktivität wurden die Zellen in 100 ml TY-Medium mit 2 % Glucose angezogen, bei einer OD$_{600}$ von 5-7 geerntet (5.000 g, 15 min, 4 °C) und zweimal mit Waschpuffer gewaschen. Die Zellen wurden anschließend in 1 ml Waschpuffer aufgenommen und in 2-ml-Schraubdeckelgefäße mit 250 mg "glass beads" (0,1 mm, BioSpec Products, Inc., Bartlesville (USA)) überführt. Der Zellaufschluss erfolgte mit dem "RiboLyser" für je 45 Sekunden bei Stufe 6,5. Dieser Vorgang wurde zweimal wiederholt, wobei die Proben zwischen den Läufen jeweils für 5 Minuten auf Eis gekühlt wurden. Anschließend wurden die Zellen 30 Minuten bei 10.000 g und 4 °C zentrifugiert, um die Zellen von den "glass beads" zu separieren. Der wässrige Überstand wurde in ein neues Reaktionsgefäß überführt, auf Eis gehalten und direkt im Anschluss der Enzymtest durchgeführt.
Nachfolgend ist die Zusammensetzung für die Citratsynthase-Aktivitätsbestimmung gezeigt:

Reaktionspuffer	500 µl
DTNB	100 µl
Oxalacetat	50 µl
Zellextrakt	100 µl
H$_2$O	ad 1000 µl

2. Material und Methoden

Der Ansatz zur Aktivitätsmessung wurde in einer Küvette angesetzt und bei 30 °C die Reaktion durch Zugabe von 50 µl Acetyl-CoA gestartet, wobei die Änderung der Extinktion bei 412 nm über 3 Minuten verfolgt wurde.

Waschpuffer
Tris	3,0 g	50 mM	
Na-L-Glutamat	18,7 g	200 mM	
H_2O	ad 500 ml		pH 7,5; eingestellt mit HCl

Reaktionspuffer
Tris	1,0 g	80 mM	
Na-L-Glutamat	7,5 g	400 mM	
H_2O	ad 100 ml		pH 7,5; eingestellt mit HCl

DNTB-Lösung
Tris	0,6 g	50 mM	
DTNB	0,4 g	1 mM	
H_2O	ad 100 ml		pH 7,5; eingestellt mit HCl

Oxalacetat-Lösung
Tris	0,60 g	50 mM	
Oxalacetat	0,05 g	4 mM	
H_2O	ad 100 ml		pH 7,5; eingestellt mit HCl

Startlösung
Tris	12 mg	50 mM	
Acetyl-CoA	5 mg	3 mM	
H_2O	ad 2 ml		pH 7,5; eingestellt mit HCl

2. Material und Methoden

2.5.6 Proteinkonzentrationsbestimmung

Die Proteinbestimmung erfolgte mit dem "BCA™ Protein Assay Kit" und dient der quantitativen, photometrischen Bestimmung von Proteinen. Dabei reagieren zweiwertige Kupferionen mit Protein zu einwertigen Kupferionen (Lowry *et al.*, 1951), welche mit der Bicinchoninsäure (BCA) einen violetten Farbstoff ausbilden, welcher bei einer Wellenlänge von 562 nm photometrisch ermittelt werden kann (Smith *et al.*, 1985).
Für die Bestimmung der Proteinkonzentration wurde eine Kalibrierkurve mit einem Konzentrationsbereich von 0 bis 2.000 µg ml^{-1} BSA erstellt und in eine 96-"well" Platte (Costar Corporatio, Cambridge, (UK)) pipettiert. Zudem wurden von der zu bestimmenden Lösung 25 µl ebenso in die 96-"well" Platte pipettiert. Zu allen Ansätzen wurden 200 µl Lösung AB (50:1) zugegeben und gemischt. Anschließend erfolgte eine Inkubation für 30 Minuten bei 37 °C und die Platte wurde mittels Mikroplatten-Lesegerät ANTHOS HTIII bei 562 nm ausgewertet.

2.6 Arbeiten mit Nukleinsäuren

2.6.1 Behandlung von Lösungen und Geräten

Zur Inaktivierung von Nukleasen und um Kontaminationen zu verhindern, wurden alle hitzestabilen Geräte und Lösungen bei 121 °C und 1,2 bar Druck für mindestens 15 Minuten autoklaviert. Kleinteile aus Metall oder Glas wurden in Ethanol (96 % (v/v)) getaucht und abgeflammt. Hitzelabile Lösungen wurden sterilfiltriert und Geräte, die nicht autoklavierbar waren, wurden mit 70 %igem (v/v) Ethanol gereinigt.
Um Kontaminationen mit externen Nukleasen zu verhindern, wurden bei der Arbeit mit RNA Geräte und Lösungen zweifach autoklaviert und gesondert gelagert. Alle hitzelabilen Geräte sowie die Arbeitsfläche wurden mit 0,5 %igem (w/v) SDS und 0,1 M NaOH bzw. RNase-AWAY (Molecular BioProducts Inc., San Diego (USA)) behandelt. Zudem wurden bei allen Arbeitsschritten sterile, gestopfte Pipettenspitzen (Biozym Scientific GmbH, Oldendorf) und Einweghandschuhe verwendet.

2. Material und Methoden

2.6.2 Isolierung von Nukleinsäuren

2.6.2.1 Isolierung von Gesamt-DNA aus *C. aceticum*

Für die Isolierung der Gesamt-DNA wurden 5 ml einer Zweitageskultur bei 6.000 g, 15 Minuten, 4 °C geerntet. Das Sediment wurde mit Kaliumphosphatpuffer (10 mM, pH 7,5) aufgenommen, erneut sedimentiert und in 700 µl STE-Puffer suspendiert. Im Folgenden wurden zuerst 30 µl Lysozymlösung (20 mg ml^{-1} (w/v)) zugegeben und für 30 Minuten bei 37 °C inkubiert. Anschließend wurden 28 µl SDS-Lösung (10 % (w/v)) zugegeben und für 10 Minuten bei 37 °C belassen. Daran folgte eine Inkubation für 30 Minuten auf Eis, nachdem 24 µl EDTA-Lösung (0,5 M), 2 µl Tris (1 M, pH 7,5) und 10 µl RNAse A (Fermentas, 20 mg ml^{-1}), zugegeben wurden. Daran schloss sich eine Inkubation für 1-3 Stunden bei 37 °C an, wobei 10 µl Proteinase K-Lösung (2,5 mg ml^{-1} (w/v)) zugegeben wurden. Anschließend folgte eine Phenol-Chloroform-Isoamylalkohol-Extraktion (2.6.3.3), wofür 60 µl Na-Perchlorat-Lösung (5 M) zugegeben wurden. Daran schloss sich eine Isopropanolfällung (2.6.3.2) an, wonach die getrocknete DNA in 50 µl Wasser aufgenommen und bei 4 °C gelagert wurde.

STE-Puffer

Tris (1 M, pH 8)	5,0 ml	50 mM
EDTA	38,0 mg	1 mM
Saccharose	6,9 g	200 mM
H$_2$O	ad 100 ml	

pH 7,8; eingestellt mit HCl

2.6.2.2 Isolierung von Gesamt-DNA aus *C. acetobutylicum*

Für die Isolation von Gesamt-DNA aus diesem Organismus wurde nach einem Protokoll von Bertram und Dürre (1989) in modifizierter Form vorgegangen. Dazu wurden 5 ml CGM-Übernachtkultur sedimentiert (3.000 g, 10 min, 4 °C), mit 1 ml KP-Puffer (10 mM, pH 7,5) gewaschen und das Zellsediment in 500 µl KP-Puffer aufgenommen und in ein Eppendorfgefäß überführt. Es erfolgte der Zellaufschluss und der gleichzeitige Verdau unerwünschter RNA durch die Zugabe von 50 µl Lysozym (20 mg ml^{-1}) und 5 µl RNase. Es folgte eine Inkubation von einer Stunde bei 37 °C, wonach 50 µl einer 10 %igen (w/v) SDS- und 30 µl einer Proteinase K-Lösung (20 mg ml^{-1} in 50 %igem (v/v) Glycerin) zugegeben wurden. Nach einer anschließenden Inkubation von einer Stunde bei 55 °C folgte eine Phenol-Chloroform-Isoamylalkohol-Extraktion (2.6.3.1), bis keine Protein-Interphase mehr zu erkennen war, und eine anschließenden Ethanolfällung (2.6.3.3). Die getrocknete DNA wurde in 30 µl sterilem Wasser aufgenommen und bei 4 °C gelagert.

2. Material und Methoden

2.6.2.3 Isolierung chromosomaler DNA aus *C. glutamicum*

Für die Isolierung chromosomaler DNA aus *C. glutamicum* wurde nach einem Protokoll von Eikmanns *et al.* (1994) vorgegangen. Hierfür wurden Zellen einer über Nacht gewachsenen 5-ml-BHI-Kultur sedimentiert (1.500 g, 5 min) und mit 1 ml TES-Puffer gewaschen. Das Sediment wurde anschließend in 1 ml TES-Puffer suspendiert und 15 mg ml^{-1} Lysozym zugegeben. Nach 3 Stunden Inkubation bei 37 °C wurden 3 ml Lysis-Puffer, 220 µl 10 %iges (w/v) SDS, 150 µl einer 20 mg ml^{-1} Proteinase K-Lösung und 1 µl RNase A zugegeben und über Nacht bei 37 °C inkubiert. Durch die Zugabe von 2 ml 6 M NaCl wurden die Proteine gefällt. Nach erfolgter Zentrifugation (1.500 g, 20 min) wurde der Überstand in ein neues Reaktionsgefäß überführt und mit 7 ml eiskaltem, absoluten Ethanol die chromosomale DNA aus dem Überstand gefällt. Diese wurde daraufhin mit einer Pasteurpipette gefischt, mit 70 %igem (v/v) Ethanol gewaschen, getrocknet und über Nacht in 100 µl sterilem Wasser bei 4 °C gelöst.

TES-Puffer

Tris	6 g	50 mM
EDTA Na-Salz x 2 H$_2$O	2 g	5 mM
NaCl	3 g	50 mM
H$_2$O	*ad* 1000 ml	pH 8; mit HCl eingestellt

Lysis-Puffer

Tris	1,2 g	10 mM
EDTA Na-Salz x 2 H$_2$O	0,7 g	2 mM
NaCl	23,4 g	400 mM
H$_2$O	*ad* 1000 ml	pH 8,2; mit HCl eingestellt

2.6.2.4 Präparation chromosomaler DNA aus *E. coli*

Die Isolierung chromosomaler DNA aus *E. coli* erfolgte nach der Methode von Ausubel *et al.* (1987). Da Gram-negative Bakterien in großen Mengen Exopolysaccharide enthalten, die nachfolgende Reaktionen mit molekularbiologischen Enzymen stören können, wird Hexadecyltrimethyl-ammoniumbromid (CTAB) eingesetzt. Durch die Bindung von CTAB mit den Polysacchariden werden Komplexe gebildet, welche anschließend extrahiert werden können.

2. Material und Methoden

Es wurden 1,5 ml einer über Nacht gewachsenen Kultur von *E. coli* für 5 Minuten bei 6.000 g zentrifugiert und der Überstand verworfen. Das Sediment wurde in 567 µl TE-Puffer suspendiert. Es folgte die Zugabe von 30 µl 10 %igem (w/v) SDS, 3 µl Proteinase K-Lösung (20 mg ml^{-1}) und 6 µl RNAse-Lösung (10 µg ml^{-1}). Der Ansatz wurde für 1 Stunde bei 37 °C inkubiert. Anschließend wurden 100 µl 5 M NaCl-Lösung und 80 µl CTAB-Lösung zugegeben, gemischt und 10 Minuten bei 65 °C inkubiert. Daran schloss sich eine Phenol-Chloroform-Isoamylalkohol-Extraktion (2.6.3.3) und eine Isopropanolfällung (2.6.3.2) an. Die getrocknete DNA wurde in 100 µl sterilem Wasser aufgenommen und bei 4 °C gelagert.

CTAB-Lösung

CTAB	10 g	0,3 M
NaCl	4 g	0,7 M
H$_2$O	*ad* 100 ml	**pH 7,8**

NaCl wurde in 80 ml Wasser gelöst und unter Erhitzen langsam CTAB zugegeben. Anschließend wurde das Endvolumen eingestellt.

TE-Puffer

Tris	0,1 g	10,0 mM
EDTA Na-Salz x 2 H$_2$O	7,0 mg	0,2 mM
H$_2$O	*ad* 100 ml	**pH 7,4**; eingestellt mit HCl

2.6.2.5 Plasmidpräparation mittels Säulenchromatographie

Zur Isolierung von Plasmid-DNA fand der "GFX *Micro* Plasmid Prep Kit", "peqGOLD Plasmid Miniprep Kit II" und der "Zyppy™ Plasmid Miniprep Kit" Anwendung. Die Methode aller kombiniert eine modifizierte alkalische Lyse (Birnboim und Doly, 1979) mit den selektiven und reversiblen Bindungseigenschaften von Silikamembranen. Die Präparation erfolgte jeweils nach den Angaben der Hersteller, wobei alle optionalen Schritte durchgeführt wurden. Zudem wurde beim "Zyppy™ Plasmid Miniprep Kit" vor der Elution ein Zentrifugationsschritt (10.000 g, 1 min) zum Trocknen der Silikamembran durchgeführt.

2. Material und Methoden

2.6.2.6 Isolierung von Plasmid-DNA aus *C. aceticum*

Die Plasmid-Präparation aus *C. aceticum* erfolgte nach einer Methode von Eikmanns *et al.* (1994) in Kombination mit ener Säulenchromatographie. Es wurden 5 ml einer Zweitageskultur zentrifugiert (2.500 g, 10 min), das Sediment in 1 ml TES-Puffer (2.6.2.3) aufgenommen und nach erneuter Zentrifugation in 200 µl Lösung A mit 15 mg ml^{-1} Lysozym und 1 µl RNase A suspendiert. Der Zellwandabbau erfolgte durch das Lysozym durch Inkubation für 1,5 Stunden bei 37 °C. Anschließend wurden 400 µl Lösung B zugegeben, 5 Minuten auf Eis inkubiert, gefolgt von der Zugabe von 350 µl eiskalter Lösung C. Nach weiterer 5-minütiger Inkubation auf Eis wurde das Präzipitat durch Zentrifugation (10.000 g, 10 min, 4 °C) sedimentiert und der Überstand auf eine Säule des "Zyppy™ Plasmid Miniprep Kit" gegeben und nach den Angaben des Herstellers verfahren.

Lösung A

Glucose x H$_2$O	1,0 g	50 mM	
Tris	0,3 g	25 mM	
EDTA Na-Salz x 2 H$_2$O	0,4 g	10 mM	
H$_2$O	*ad* 100 ml		pH 8; mit HCl eingestellt

Lösung B

NaOH (10 N)	0,2 ml	0,2 M	
SDS (10 % (w/v))	1 ml	35,0 mM	
H$_2$O	*ad* 10 ml		frisch ansetzen

Lösung C

K-Acetat (5 M)	60,0 ml	3 M	
Essigsäure	11,5 ml	2 M	
H$_2$O	*ad* 100 ml		

2. Material und Methoden

2.6.2.7 Isolierung von Plasmid-DNA aus *C. glutamicum*

Die Plasmid-Präparation aus *C. glutamicum* erfolgte in Anlehnung an die Methode von Eikmanns et al. (1994). Es wurden 5 ml einer über Nacht gewachsenen TY-Kultur zentrifugiert (2.500 g, 10 min), das Sediment mit 1 ml TES-Puffer (2.6.2.3) gewaschen und dieses nach erneuter Zentrifugation in 200 µl Lösung A (2.6.2.7) mit 15 mg ml^{-1} Lysozym und 1 µl RNase A suspendiert. Der Zellwandabbau durch das Lysozym erfolgte durch Inkubation für 1,5 Stunden bei 37 °C. Anschließend wurden 400 µl Lösung B (2.6.2.7) zugegeben. Nach 5-minütiger Inkubation auf Eis erfolgte die Zugabe von 350 µl eiskalter Lösung C (2.6.2.7). Nach weiterer 5-minütiger Inkubation auf Eis wurde das Präzipitat durch Zentrifugation (10.000 g, 10 min, 4 °C) sedimentiert und der Überstand einer Phenol-Chloroform-Isoamylalkohol-Extraktion (2.6.3.3) unterzogen. Nach Zugabe von 0,8 Vol. Isopropanol erfolgte eine Inkubation für 2 Stunden bei RT. Nach Zentrifugation (10.000 g, 15 min) wurde das Sediment getrocknet und anschließend in 180 µl Wasser aufgenommen. Zudem erfolgte die Zugabe von 20 µl Lösung C und 550 µl absolutem Ethanol. Nach Inkubation für mindestens 1 Stunde bei -20 °C wurde das Sediment mit 70 %igem (v/v) Ethanol gewaschen und anschließend in 50 µl Wasser aufgenommen.

2.6.2.8 Isolierung von RNA aus *C. glutamicum*

Um Gesamt-RNA aus *C. glutamicum* zu isolieren, wurden Proben während des Wachstums genommen und sofort mit 1 Vol. "Killing-Puffer" versetzt, um die Stoffwechselaktivität zu stoppen. Anschließend wurden die Zellen zentrifugiert (10.000 g, 5 min, 4 °C), der Überstand komplett abgenommen und das Sediment in flüssigem Stickstoff schockgefroren. Die Sedimente wurden bei -80 °C bis zur RNA-Präparation gelagert.
Für die RNA-Isolierung wurden ein Wasserbad auf 60 °C vorgeheizt und in 15-ml-Reaktionsgefäßen 1,5 ml reines Phenol (Roth A980.1), 1,5 ml Chloroform-Isoamylalkohol (24:1) und 2,5 ml AE-Puffer vorgelegt und im Wasserbad erwärmt. In 2-ml-Schraubdeckelgefäßen mit 250 mg "glass beads" (0,1 mm, BioSpec Products, Inc., Bartlesville (USA)) wurden 0,5 ml reines Phenol und 0,5 ml RLT-Puffer vorgelegt und für 5 Minuten auf Eis gekühlt. Die Zellen wurden auf Eis aufgetaut und in die Schraubdeckelgefäße verteilt. Der Zellaufschluss erfolgte mit dem "RiboLyser" (3 mal, 45 s, Stufe 6,5). Zwischen den Läufen wurden die Proben für jeweils 5 Minuten auf Eis gekühlt. Zur Phasentrennung wurden die Zellen 5 Minuten bei 10.000 g und 4 °C zentrifugiert. Der wässrige Überstand wurde in das vorgewärmte Phenol-Chloroform-Puffer-Gemisch gegeben und für 10 Minuten bei 60 °C unter ständigem Schütteln

2. Material und Methoden

inkubiert. Es folgte eine erneute Phasentrennung (10.000 g, 5 min, 4 °C), woran sich eine Phenol-Chloroform-Isoamylalkohol-Extraktion (2.6.3.3) mit anschließender Ethanolfällung für mindestens zwei Stunden mit 1/10 Vol. Na-Acetat (3 M) und 2,5 Vol. absolutem Ethanol anschloss. Die gefällte RNA wurde zentrifugiert (10.000 g, 30 min, 4 °C), das Sediment mit 70 %igem (v/v) Ethanol gewaschen und anschließend getrocknet. Das getrocknete Sediment wurde in 50 µl sterilem, RNase-freiem Wasser gelöst und einem DNase-Verdau unterzogen. Dazu wurden 1/10 Vol. 10-fach DNase-Puffer, 150 U DNase und 1 µl RNase-Inhibitor zur Probe gegeben und für mindestens eine Stunde bei 37 °C inkubiert. Die weitere Reinigung erfolgte mit dem "RNeasy Midi Kit" und den dazugehörigen Puffern. Die so behandelte RNA wurde mit 1,4 ml absolutem Ethanol, 2 ml RLT-Puffer und 34 µl β-Mercaptoethanol gemischt und auf eine "Qiagen-Säule" gegeben. Nach einem Zentrifugationsschritt für 5 Minuten bei 2.500 g wurden 4 ml RW1-Puffer zugegeben und erneut zentrifugiert. Daraufhin wurden zweimal 2,5 ml RPE-Puffer auf die Säule gegeben und für 2 bzw. 5 Minuten zentrifugiert. Anschließend wurde die Säule in ein neues Auffanggefäß überführt und zur Elution der RNA zweimal 100 µl sterilem, RNase-freiem Wasser direkt auf die Säulen-Membran gegeben. Nach 1 Minute Inkubation bei Raumtemperatur wurde diese eluiert (10.000 g, 3 min, 4 °C). Die so gewonnene RNA wurde in flüssigem Stickstoff schockgefroren und bei -80 °C gelagert.

Mit einer PCR (2.6.12.2) wurde überprüft, ob die isolierte RNA DNA-frei war. Als Positivkontrolle wurde chromosomale DNA als "Template" eingesetzt. Der DNase-Verdau wurde gegebenenfalls wiederholt, bis keine DNA mehr im Ansatz enthalten war. Zudem erfolgte eine Konzentrationsbestimmung (2.6.5) der isolierten RNA.

"Killing-Puffer"

Tris	240 mg	20 mM
NaN_3	130 mg	20 mM
$MgCl_2 \times 6 H_2O$	102 mg	5 mM
H_2O	ad 100 ml	

pH 7,5; eingestellt mit HCl

AE-Puffer

Na-Acetat	330 mg	40 mM
EDTA Na-Salz x 2 H_2O	40 mg	1 mM
H_2O	ad 100 ml	

pH 5,2

2. Material und Methoden

2.6.3 Reinigung von Nukleinsäuren

2.6.3.1 Ethanolfällung

Da Nukleinsäuren in Gegenwart hoher Konzentrationen monovalenter Kationen einen unlöslichen Niederschlag bilden, wurde 0,1 Vol. Natriumacetat (3 M, pH 5,2; eingestellt mit Eisessig) zugegeben und 2,5 Vol. eiskalter, absoluter Ethanol. Daraufhin folgte eine Inkubation von mindestens 30 Minuten bei -20 °C. Durch Zentrifugation (10.000 g, 30 min, 4 °C) wurde die DNA sedimentiert und nach Waschen mit 70 %igem (v/v) Ethanol erneut zentrifugiert (10.000 g, 10 min, 4 °C). Das Sediment wurde anschließend luftgetrocknet und danach in einem geeigneten Volumen sterilen Wassers aufgenommen.

2.6.3.2 Isopropanolfällung

Zur Fällung von Nukleinsäurelösungen wurden 0,7 Vol. Isopropanol zum Ansatz gegeben, vorsichtig gemischt und die ausgefallenen Nukleinsäuren mit einer Pasteurpipette, welche in der Bunsenbrennerflamme zu einem kleinen Häckchen geformt wurde, geangelt. Die Nukleinsäuren wurden mit 70 %igem (v/v) Ethanol gewaschen, luftgetrocknet und in einem geeigneten Volumen sterilen Wassers gelöst.

2.6.3.3 Phenol-Chloroform-Isoamylalkohol-Extraktion

Um Proteinverunreinigungen aus DNA-haltigen Lösungen zu entfernen, wurden diese mit 1 Vol. Phenol-Chloroform-Isoamylalkohol versetzt und gut gemischt. Je nach Stärke der Proteinverunreinigung mußte dieser Extraktionsschritt mehrmals durchgeführt werden. Die Phasentrennung wird durch Zentrifugation (10.000 g, 5 min) verbessert, sodass die obere wässrige Phase bis zur Interphase vorsichtig abgenommen werden kann und in ein neues Reaktionsgefäß überführt werden kann. Dieser Vorgang wurde so oft wiederholt, bis keine Proteininterphase mehr zu erkennen war. Anschließend erfolgte die vollständige Entfernung des Phenols durch Zugabe von 1 Vol. eines Chloroform-Isoamylalkohol-Gemisches zur DNA-haltigen wässrigen Phase. Nach gründlichem Mischen und anschließender Zentrifugation (10.000 g, 5 min) wurde zur Fällung der gereinigten DNA der Ansatz einer Ethanol- (2.6.3.1) oder Isopropanolfällung (2.6.3.2) unterzogen.

2. Material und Methoden

2.6.3.4 Reinigung von DNA-Fragmenten aus Lösungen

Um PCR-Produkte oder einen Restriktionsverdau zu reinigen, fand das "Ultra Clean™ 15 DNA Purification Kit" Verwendung. Das Prinzip beruht auf der reversiblen Bindung von DNA an eine Silica-Matrix unter Einfluss hochmolarer, chaotropher Salze.
Die Durchführung erfolgte nach den Angaben des Herstellers, allerdings wurden 7 µl der beigefügten Silica-Matrix-Lösung pro Ansatz zugegeben und die gereinigte DNA in ca. 70 % des Ausgangsvolumens an Wasser aufgenommen.

2.6.3.5 Reinigung von DNA-Fragmenten aus Agarose-Gelen

Für die Reinigung von DNA-Fragmenten aus Agarose-Gelen fand ebenfalls der "Ultra Clean™ 15 DNA Purification Kit" Anwendung. Hierfür wurden PCR-Produkte oder enzymatisch behandelte DNA entsprechend einer nichtdenaturierenden Agarose-Gelelektrophorese (2.6.4.1) auf ein 0,8 oder 2 %iges Agarose-Gel aufgetragen und getrennt. Nach Färbung mit Ethidiumbromid (2.6.4.2) konnte die zu reinigende DNA sichtbar gemacht werden. Es kam ein UV-Transilluminator mit einer Wellenlänge von 365 nm zum Einsatz, um die DNA nicht zu beschädigen (Hauptabsorptionsmaximum bei 260 nm). Das gewünschte Fragment konnte mit einem Skalpell ausgeschnitten und in ein Eppendorfgefäß überführt werden. Die weitere Vorgehensweise erfolgte nach den Herstellerangaben mit den in 2.6.3.4 beschriebenen Abweichungen.

2.6.3.6. Reinigung radioaktiv markierter DNA

Um nach einer radioaktiven Markierung von DNA-Fragmenten (2.6.8) nicht eingebaute, radioaktiv markierte dNTPs zu entfernen, wurden "illustra™ MicroSpin G-25 Columns" verwendet. Dies erfolgt durch eine Gelfiltration an einer Sephadex-Matrix, wobei Moleküle, die größer sind als die Poren der Sephadex-Matrix, schnell eluiert werden, wogegen kleinere Moleküle in die Poren der Matrix eindringen und verzögert eluiert werden. Die Durchführung erfolgte nach den Angaben des Herstellers.

2.6.4 Auftrennung von Nukleinsäurefragmenten

2.6.4.1 Nichtdenaturierende Agarose-Gelelektrophorese

Die Agarose-Gelelektrophorese ermöglicht die Auftrennung von Nukleinsäuren in einem elektrischen Feld entsprechend ihrer Größe. Die Phosphatgruppen der Nukleinsäure-Moleküle sind bei den verwendeten pH-Werten negativ geladen, wodurch diese zur Anode wandern. Die elektrisch neutrale Agarose-Gelmatrix fungiert als Sieb, wodurch kleinere Fragmente schneller wandern als große (Sambrook und Russell, 2001). Je nach Größe der aufzutrennenden Fragmente wurden 0,8 %ige (Fragmente größer 1000 Bp) oder 2 %ige (Fragmente kleiner 1000 Bp) Agarose-Gele hergestellt. Die Agarose wurde dafür durch Aufkochen in 1x TAE-Puffer gelöst und bis zur Verwendung bei 60 °C gelagert. In horizontalen Gelkammern eigener Bauart wurden die Agarose-Gele in heißem Zustand gegossen und mit einem Kamm Ladetaschen geformt. Nach der Polymerisation des Gels wurde dieses mit 1x TAE-Laufpuffer überschichtet. Zur Beschwerung der Proben und zur Markierung der Lauffront wurden die Proben vor der Auftragung mit 0,2 Vol. Ladepuffer versetzt. Dieser wurde entweder selbst angesetzt (6x Ladepuffer) oder von der Fermentas GmbH, St. Leon Rot (6x DNA Loading Dye) bezogen. Die Auftrennung erfolgte durch das Anlegen einer konstanten Spannung von 120 V. Abschließend wurde das Gel in einer Ethidiumbromid-Lösung (2.6.4.2) gefärbt und ausgewertet.

50x TAE Stammlösung (Sambrook und Russell, 2001)
Tris	242,0 g	2 M
Essigsäure	57,0 ml	1 M
EDTA Na-Salz x 2 H$_2$O	18,6 g	50 mM
H$_2$O	ad 1000 ml	pH 8; mit HCl eingestellt

6x Ladepuffer
Tris	0,1 g	10,0 mM
Glycerin	60,0 ml	10,0 M
EDTA Na-Salz x 2 H$_2$O	2,2 g	60,0 mM
Bromphenolblau	30,0 mg	0,4 mM
Xylencyanol FF	30,0 mg	0,6 mM
H$_2$O	ad 100 ml	pH 7,6; mit HCl eingestellt

2. Material und Methoden

2.6.4.2 Färben von Nukleinsäuren in Agarose-Gelen

Zur Färbung von Nukleinsäuren in Agarose-Gelen wurde Ethidiumbromid eingesetzt, da dieses in die Nukleinsäuren interkaliert. Dafür wurde das Agarose-Gel für 5 - 10 Minuten in einer Ethidiumbromid-Lösung (1 mg ml^{-1} in 1x TAE-Puffer) gefärbt. Anschließend konnte das Bandenmuster des Gels auf einem UV-Transilluminator bei einer Wellenlänge von 312 nm sichtbar gemacht und mittels einer Fotodokumentationsanlage fotografiert werden.

2.6.4.3 Größenbestimmung von Nukleinsäuren

Zur Größenbestimmung von DNA- bzw. RNA-Fragmenten in Agarose-Gelen wurden gebrauchsfertige Größenstandards von der Fermentas GmbH, St. Leon-Rot verwendet. Für DNA wurde der "GeneRuler™ DNA Ladder Mix" (Abb. 5A) und für RNA der "RiboRuler™ RNA Ladder, High Range" (Abb. 5B) eingesetzt.

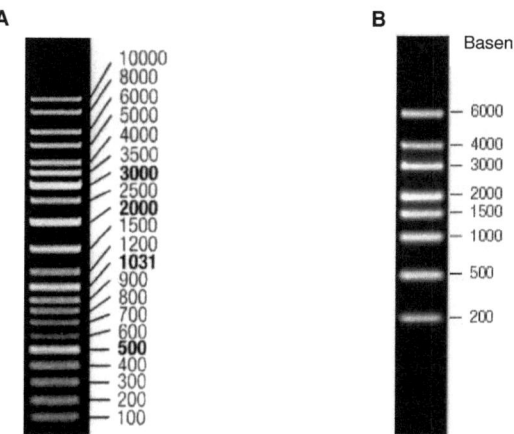

Abb. 5: Nukleinsäuren-Größenstandards (www.fermentas.com): A "GeneRuler™ DNA Ladder Mix" (0,5 µl in 1 %igem Agarose-Gel); B "RiboRuler™ High Range RNA Ladder" (2 µl in 1 %igem Agarose-Gel).

2. Material und Methoden

2.6.5 Konzentrationsbestimmung von Nukleinsäure-Lösungen

Die Konzentrationsbestimmung von Nukleinsäuren in wässrigen Lösungen erfolgte photometrisch in 100-μl-Quarzküvetten bei einer Wellenlänge von 260 nm, da die aromatischen Ringe von Nukleinsäuren hier ihr Absorptionsmaximum haben. Eine Absorption von 1 entspricht einer DNA-Konzentration von 50 μg ml^{-1} bzw. einer RNA-Konzentration von 40 μg ml^{-1} (Sambrook und Russell, 2001). Die Reinheit wurde aus dem Quotienten aus A_{260} und A_{280} ermittelt. Reine Nukleinsäure-Lösungen erreichen einen A_{260}/A_{280}-Quotienten von 1,8 bis 2,0 (DNA) bzw. von 2 bis 2,2 (RNA) (Sambrook und Russell, 2001).

2.6.6 Sequenzierung

Um Plasmid-DNA oder PCR-Fragmente auf Mutationen hin zu überprüfen, wurden diese von der Eurofins MWG Operon (Ebersberg) sequenziert. Die notwendige hohe Reinheit der zu sequenzierenden Proben wurde durch Plasmidpräparation (2.6.2.5) oder der PCR-Aufreinigung durch den "Ultra Clean™ 15 DNA Purification Kit" (2.6.3.5) erreicht. Anschließend wurde die Nukleinsäurelösung photometrisch quantifiziert (2.6.5) und entsprechend den Angaben von Erofins MWG Operon versandt. Zur anschließenden Analyse der erhaltenen Sequenz wurde das Programm "Clone Manager 7.11" (Scientific & Educational Software, Cary (USA)) verwendet. Die Datenbankvergleiche zur Suche nach DNA-Sequenzen mit Ähnlichkeit zu den in dieser Arbeit bearbeiteten Sequenzen wurden mit Hilfe der Datenbank "Basic Local Alignment Search" Tool (BLASTN, www.ncbi.nlm.nih.gov/blast/Blast.cgi?PAGE=Nucleotides&PROGRAM=blastn; Mc Ginnis und Madden, 2004; Altschul et al., 1990) durchgeführt.

2.6.7 "Dot-Blot"

Das "Dot-Blot"-Verfahren (modifiziert nach Thomas, 1980) ist eine vereinfachte Version des "Northern-Blot"-Verfahrens. Die isolierte, denaturierte RNA (2.6.2.7) wurde nicht gelelektrophoretisch aufgetrennt, sondern direkt auf eine Nylonmembran aufgetropft und luftgetrocknet. Nach Fixierung mittels UV-Crosslinker kann diese direkt in die Hybridisierung (2.6.9) eingesetzt werden.

2. Material und Methoden

2.6.8 Radioaktive Markierung von DNA-Fragmenten

Für die Detektion von RNA wurden zuvor amplifizierte PCR-Produkte mit γ-ATP (GE Healthcare Europe GmbH, München) radioaktiv markiert und als DNA-Sonden verwendet. Hierfür fand das "HexaLabel™ Plus DNA Labeling Kit" Anwendung.
Es wurden 1 µg der zu markierenden DNA mit 10 µl "Hexanucleotide in 5x Reaction Buffer" versetzt und mit Wasser auf 40 µl aufgefüllt. Es folgte eine Inkubation für 10 Minuten bei 95 °C, wonach der Ansatz auf Eis gekühlt wurde. Nach Zugabe von 3 µl "Mix A", 1 µl "Klenow Fragment, exo-" und 6 µl ^{32}γ-ATP (50 µCi) folgte eine 10-minütige Inkubation bei 37 °C. Danach wurden 4 µl "dNTP Mix" zugefügt und nach einer weiteren Inkubation für 5 Minuten bei 37 °C wurde die Reaktion durch Zugabe von 2 µl einer 0,25 M EDTA-Lösung gestoppt.
Die nicht gebundene Radioaktivität wurde anschließend über "MicroSpin G-25 Columns" abgetrennt und das Eluat anschließend bei 4 °C gelagert. Kurz vor dem Gebrauch erfolgte eine Inkubation für 15 Minuten bei 95° C.

2.6.9 Hybridisierung von RNA mit radioaktiv markierten Sonden

Für die Hybridisierung wurde die mit RNA beladene Nylonmembran für 3 Stunden bei 60 °C in Hybridisierungsröhren (Biometra GmbH, Göttingen), die 20 ml Prähybridisierungslösung enthielten, inkubiert, um unspezifische Bindestellen zu blocken. Daraufhin wurde die Prähybridisierungslösung gegen 10 ml frische Prähybridisierungslösung ausgetauscht und die radioaktiv markierte DNA-Sonde zugegeben. Nach einer Inkubation bei 60 °C über Nacht wurde die Membran zweimal für 5 Minuten bei 60 °C mit 10 ml Waschpuffer 1 und anschließend zweimal mit 10 ml Waschpuffer 2 bei Raumtemperatur inkubiert.
Die Membran wurde luftgetrocknet, in Haushaltsfolie eingeschlagen und in die Detektion eingesetzt (2.6.10).

5 x SSC-Puffer (Thomas, 1980; mod.)

NaCl	43,8 g	750 mM	
Tri-Natriumcitrat x 2 H$_2$O	22,1 g	75 mM	
H$_2$O	ad 1000 ml		**pH 11,5**

2. Material und Methoden

Prähybridisierungslösung (Thomas, 1980; mod.)
5 x SSC-Puffer	20 ml	20 % (v/v)
Dextransulfat (16,6 % (w/v))	60 ml	60 % (v/v)
SDS (10 % (w/v))	10 ml	35 mM
NaCl (20 mM)	10 ml	2 mM

Waschpuffer 1 (Thomas, 1980)
SDS (10 % (w/v))	1 ml	3,5 mM
5 x SSC-Puffer	40 ml	40,0 % (v/v)
H_2O	ad 100 ml	

Waschpuffer 2 (Thomas, 1980)
SDS (10 % (w/v))	1 ml	3,5 mM
5 x SSC-Puffer	2 ml	2,0 % (v/v)
H_2O	ad 100 ml	

2.6.10 Detektion radioaktiv markierter Sonden

Die in Folie eingeschlagene Nylonmembran mit den hybridisierten Sonden (2.6.9) wurde über Nacht zusammen mit einem "CRONEX 5"-Röntgenfilm (Agfa-Gevaert AG, Mortsel (Belgien)) in eine lichtundurchlässige Kassette gegeben und dieser schließlich in einer Dunkelkammer entwickelt und ausgewertet.

2.6.11 Enzymatische Modifikation von DNA

2.6.11.1 Restriktionsspaltung von DNA

In dieser Arbeit wurden Ansätze zum Restriktionsverdau von DNA (Plasmide oder PCR-Produkte) für analytische und präparative Zwecke verwendet. Spezifische Restriktionsendonukleasen der Klasse II benutzen definierte Erkennungs-sequenzen, um doppelsträngige DNA zu hydrolysieren. Für diese Ansätze wurden die von der Fermentas GmbH, St. Leon-Rot empfohlenen Puffer für die entsprechende Reaktion eingesetzt, um eine möglichst optimale Aktivität des Enzyms zu erhalten. Bei Restriktionsspaltungen mit

2. Material und Methoden

zwei Restriktionsenzymen wurde ein Puffer verwendet, in dem beide Enzyme eine Aktivität von mindestens 50-100 % besitzen. Die optimalen Bedingungen für Restriktionsspaltung mit zwei Enzymen konnten auf der Internetseite der Fermentas GmbH eingesehen werden (http://www.fermentas.com/doubledigest/index.html). Waren unterschiedliche Pufferbedingungen notwendig, erfolgte eine schrittweise Inkubation mit zwischenzeitlicher Reinigung (2.6.3.4). Beim Verdau von PCR-Fragmenten ist die Tatsache zu berücksichtigen, dass die Schnittstellen am Ende des DNA-Strangs liegen, Restriktionsenzyme aber einen bestimmten Nukleotidüberhang benötigen, um effizient schneiden zu können. Informationen zu benötigten Nukleotidüberhängen können auch der Internetseite http://www.fermentas.com/techinfo/re/ddpuc19mcs.htm entnommen werden. Die Durchführung erfolgte nach den Angaben des Herstellers, wobei pro µg zu verdauender DNA zwischen 1 und 10 U der gewünschten Restriktionsenzyme eingesetzt und für 60 Minuten inkubiert wurde. Analytische Restriktionsansätze wurden in einem Gesamt-Ansatzvolumen von 10 µl und bei präparativen Restriktionsansätzen in einem Volumen von bis zu 100 µl durchgeführt. Die Analyse der Restriktionsspaltung erfolgte durch Auftrennung der Proben mittels einer Agarose-Gelelektrophorese (2.6.4.1). Bei präparativen Ansätzen erfolgte die Reinigung enzymatisch geschnittener DNA durch die Reinigung mittels "Ultra Clean™ 15 DNA Purification Kit" (2.6.3.4 bzw. 2.6.4.5).

2.6.11.2 Dephosphorylierung von linearen Plasmiden

Um bei Ligationen das Religieren der Vektor-DNA zu unterbinden, fand die "S*hrimp Alkaline Phosphatase*" ("SAP") Anwendung. Es war von Vorteil, dass die "SAP" einen sehr breiten Aktivitätsbereich hinsichtlich der Salzkonzentration des Puffers aufweist. So konnte eine Reaktion nach erfolgtem Verdau des Vektors durch Zugabe direkt in den vorhandenen Restriktionsansatz durchgeführt werden (2,5 U 50 µl^{-1}). Nach 30-minütiger Inkubation bei 37 °C erfolgte die Inaktivierung der "SAP" durch Denaturierung bei 65 °C für 15 Minuten. Die Reinigung der dephosphorylierten DNA erfolgte mittels "Ultra Clean™ 15 DNA Purification Kit" (2.6.3.4) und konnte direkt weiter verwendet oder bei -20 °C gelagert werden. Um die Dephosphorylierung zu überprüfen, wurde bei der Ligation ein Ansatz erstellt, dem keine Insert-DNA zugegeben wurde. Nach erfolgter Transformation (2.6.13.5) konnte die Anzahl der Religanten bestimmt werden.

2. Material und Methoden

2.6.11.3 Ligation von DNA-Fragmenten

Die Ligation von DNA-Fragmenten erfolgte standardmäßig mit einer T4-Ligase. Diese verknüpft ATP-abhängig doppelsträngige DNA-Moleküle durch Phosphodiesterbindungen zwischen freien 3'-Hydroxyl- und 5'-Phosphat-Gruppen (Weiß et al., 1968). Die Ligation erfolgte in 20-µl-Ansätzen. Es wurde generell ein Überschuss an Insert-DNA eingesetzt, i.d.R. in einem molaren Verhältnis von 1:3 bis 1:5. Zu diesem Ansatz wurden 2 µl 10x T4-Ligasepuffer gegeben und die Reaktion durch Zugabe von 1 µl T4-Ligase (1 U µl^{-1}) gestartet. Es folgte eine einstündige Inkubation bei 22 °C und anschließend, um die Ligase zu inaktivieren und die Effizienz bei der Transformation zu erhöhen, eine 10-minütige Inaktivierung bei 65 °C (Michelsen, 1995). Der Ligationsansatz wurde direkt in eine Transformation (2.6.13.5) eingesetzt.

2.6.11.4 TA-Klonierung von PCR-Fragmenten

Alle PCR-Produkte wurden ohne Restriktionsverdau direkt in den kommerziell erhältlichen, linearisierten Vektor pDRIVE ("Qiagen PCR Cloning Kit") kloniert. Dieser Vektor besitzt an den 3'-Enden ungepaarte Thymidinnukleotide. Einige Polymerasen erzeugen DNA-Fragmente mit an den 5'-Enden überhängenden Adeninnukleotiden. Die Fragmente können direkt nach der PCR (2.6.12.2) in den Vektor ligiert werden. Die Ligation kann zusätzlich über eine Blau-Weiß-Selektion (2.6.13.6) überprüft werden. Die Durchführung erfolgte nach den Herstellerangaben mit ca. 100 ng PCR-Produkt und anschließender Transformation in kaltkompetente *E. coli*-Zellen (2.6.13.5).

2.6.12 Amplifikation von DNA durch Polymerasekettenreaktion (PCR)

2.6.12.1 Auswahl von Oligodesoxynukleotiden

Für eine PCR wurden spezifische Oligodesoxynukleotide ("Primer") benötigt (Tab. 4). Bei der Auswahl dieser sollten einige Parameter eingehalten werden. Die Länge der "Primer" lag idealerweise bei 18-22 Nukleotiden. Für eine optimale Anlagerung an die Ziel-DNA wurde darauf geachtet, dass der G+C-Gehalt der "Primer" bei 40-60 % und die daraus resultierende Schmelztemperatur bei 50 - 60 °C lag. Am 3'-Ende sollten mindestens

1-2 Guanin- oder Cytosin-Basen liegen, was zu einer verbesserten Bindung an die Ziel-DNA führt. Weiter wurde darauf geachtet, dass die "Primer"-Sequenzen möglichst wenige Wiederholungen aufwiesen, sodass sich keine internen Sekundärstrukturen bilden können.

2.6.12.2 Standard-PCR

Die Polymerasekettenreaktion ("Polymerase Chain Reaction", PCR; Saiki et al., 1985) ist eine schnelle Methode zur effizienten Amplifikation spezifischer DNA-Fragmente. Der PCR-Prozess beinhaltet eine Serie von rund 30 Zyklen, die jeweils aus drei Schritten bestehen. Im ersten Schritt werden der DNA-Doppelstrang und die "Primer" denaturiert. Im Zweiten können die "Primer" bei einer definierten Anlagerungstemperatur an die einzelsträngige DNA, entsprechend ihrer Sequenzhomologie, hybridisieren. An diesen kurzen, doppelsträngigen Abschnitten kann die hitzestabile DNA-Polymerase ansetzen und bei ihrem Temperaturoptimum von 72 °C mit den im Ansatz enthaltenen vier Desoxynukleosidtriphosphaten die "Primer" in 3'-Richtung verlängern und einen komplementären Strang synthetisieren (Elongation). Anschließend erfolgt erneut die Denaturierung und der Zyklus wird wiederholt.
Standardmäßig erfolgte die PCR in einem Volumen von 50 µl und bestand aus den nachfolgenden Komponenten:

DNA	~ 1	µg
dNTP-Gemisch (10 mM)	0,2	mM
"Primer" A (100 pmol µl^{-1})	2	pM
"Primer" B (100 pmol µl^{-1})	2	pM
DNA-Polymerase (1 U µl^{-1})	1	U
10x Reaktionspuffer mit MgCl$_2$	5	µl
H$_2$O	ad 50	µl

Nachfolgend (Tab. 6) ist ein Standardprogramm dargestellt, wobei Denaturierung, Anlagerung und Elongation 32 mal wiederholt wurden.

2. Material und Methoden

Tab. 6: PCR-Standardprogramm

Schritt	Temperatur	Zeit
Initiale Denaturierung	95 °C	5 min
Denaturierung	95 °C	30 s
Anlagerung	variabel[1]	45 s
Elongation	72 °C	variabel[2]
Finale Elongation	72 °C	10 min

[1] Die Anlagerungstemperatur richtete sich nach der Schmelztemperatur der "Pimer" und wurde stets rund 5 °C unter der von biomers.net angegebenen Temperatur gewählt.
[2] Die Elongationszeit richtete sich nach der Länge des zu amplifizierenden Fragments. Je 1000 Bp wurde 1 min Elongationszeit einberechnet.

Nach jeder PCR wurde ein Aliquot jedes Ansatzes auf einem Agarose-Gel (2.6.4.1) kontrolliert und gegebenenfalls daraus gereinigt (2.6.3.5).

2.6.12.3 Kolonie-PCR

Die Kolonie-PCR (Woodman, 2008; mod.) wurde zur Analyse der konstruierten Deletionsmutanten eingesetzt. Zellmaterial wurde dafür von einer Agarplatte in 50 µl sterilem Wasser suspendiert und für 5 bis 10 Minuten bei 95 °C inkubiert. Daran schloss sich ein Zentrifugationsschritt (10.000 g, 1 min) an, wonach 10 µl aus dem zellfreien Überstand als "Template" in eine Standard-PCR (2.6.12.2) eingesetzt wurden.

2.6.12.4 Einfügen von Restriktionsschnittstellen

Um amplifizierte PCR-Fragmente in einer gerichteten Klonierung einsetzen zu können, wurden Erkennungssequenzen für ausgesuchte Restriktionsenzyme eingefügt. Die dafür verwendeten "Primer" waren am 3'-Ende komplementär zur eingesetzten DNA und hatten am 5'-Ende Modifikationen, sodass diese von Restriktionsendonukleasen erkannt werden konnten. Um einen effektiven Restriktionsverdau zu gewährleisten, wurde darauf geachtet, dass am 5'-Ende vor der Schnittstelle ein Überhang von 5 Nukleotiden gegeben war. Die Reaktion erfolgte analog der Standard-PCR (2.6.12.2).

2.6.13 Herstellung kompetenter Zellen und DNA-Transfer

2.6.13.1 Transformation von *C. aceticum*

Zur Einbringung von Plasmid-DNA in *C. aceticum* wurde eine Elektroporation durchgeführt (Köpke, 2009; mod. nach Straub und Wensche, unveröffentlicht). Ausgehend von einer Zweitages-Kultur wurden 50 ml *C. aceticum*-Medium mit 40 mM DL-Threonin, auf eine optische Dichte von 0,1 beimpft. Es folgte eine Inkubation bei 30 °C, bis eine optische Dichte von 0,3 - 0,4 erreicht wurde. In der Anaerobenkammer wurden die Zellen geerntet (6.000 g, 10 min), anschließend zweimal mit anaerobem SMP-Puffer gewaschen und das Sediment in 600 µl SMP-Puffer aufgenommen. Diese wurden in die Transformation eingesetzt, wofür sie in Elektroporationsküvetten (Elektrodenabstand 4 mm, Biozym Scientific GmbH, Oldendorf) transferiert und mit 1 µg Plasmid-DNA versetzt wurden. Nach 5-minütiger Inkubation erfolgte die Elektroporation bei 25 µF, 600 Ω und 2,5 kV in einem Gene-Pulser® II. Sofort nach der Elektroporation wurden die Zellen in 5 ml Medium gegeben und zur Resistenzausprägung für 3 Tage bei 30 °C inkubiert. Daraufhin wurden die Zellen in 5 ml Medium mit Clarithromycin (5 µg ml^{-1}) überführt, bei 30 °C inkubiert und das Wachstum photometrisch verfolgt.

SMP-Puffer (Zhu *et al.*, 2005; Liu *et al.*, 2006)

Saccharose	92,4 g	270 mM
$MgCl_2$ x 6 H_2O	0,2 g	1 mM
NaH_2PO_4	0,4 g	7 mM
H_2O	ad 1000 ml	pH 8

2.6.13.2 Transformation von *C. acetobutylicum*

Ausgehend von einer Sporensuspenion wurden 5 ml CG-Medium beimpft und über Nacht bei 37 °C inkubiert. Anschließend wurden 50 ml vorgewärmtes CG-Medium auf eine optische Dichte von 0,1 beimpft, wonach eine Inkubation erfolgte bis eine optische Dichte von 0,7 erreicht wurde. Die folgenden Schritte wurden in einer Anaerobenkammer durchgeführt. Die Zellen wurden durch Zentrifugation bei geerntet (2.200 g, 4 °C, 10 min) und das Sediment in 1 Vol. ETM-Puffer gewaschen. Es folgte ein weiterer Zentrifugationsschritt wonach das Sediment in 3 ml ET-Puffer suspendiert wurde. Jeweils 600 µl Zellsuspension wurden in gekühlte Elektroporationsküvetten (Elektrodenabstand 4 mm, Biozym Scientific GmbH, Oldendorf) überführt, in die zuvor 2 µg Plasmid-DNA vorgelegt worden war. Die Elektroporation erfolgte bei 50 µF, 600 Ω und 1,8 kV. Der

2. Material und Methoden

Transformationsansatz wurde anschließend in 1,4 ml gekühlte CG-Medium überführt, wonach sich eine Regeneration bei 37 °C für 4 Stunden anschloss. Anschließend wurden 200 µl auf selektiven Agarplatten ausplattiert und in der Anaerobenkammer bei 37 °C inkubiert.

ETM-Puffer

Saccharose	27,7 g	270,0 mM	
$Na_2HPO_4 \times 2\ H_2O$	32,0 mg	0,6 mM	
$NaH_2PO_4 \times 2\ H_2O$	0,2 g	4,4 mM	
$MgCl_2 \times 6\ H_2O$	12,8 g	0,2 M	
H_2O	ad 300 ml		**pH 6**

ET-Puffer

Saccharose	28 g	0,3 M	
$Na_2HPO_4 \times 2\ H_2O$	32 mg	0,6 mM	
$NaH_2PO_4 \times 2\ H_2O$	206 mg	4,4 mM	
H_2O	ad 300 ml		**pH 6**

2.6.13.3 Transformation von *C. glutamicum*

Zur Einbringung von Plasmid-DNA in *C. glutamicum* wurde eine Elektroporation mit anschließender Hitzeschockbehandlung durchgeführt (van der Rest *et al.*, 1999). Hierfür wurde *C. glutamicum* auf einer Agarplatte ausgestrichen und bei 30 °C über Nacht inkubiert. Ausgehend von einer Kolonie wurden 50 ml BHIS-Medium im Schüttelkolben inokuliert und über Nacht bei 30 °C schüttelnd inkubiert. 500 ml BHIS-Medium in einem 2-l-Erlenmeyerkolben wurden mit 10 ml dieser Vorkultur inokuliert und bei 30 °C bis zu einer OD_{600} von 1,75 kultiviert. Die Zellen wurden 20 Minuten auf Eis inkubiert und durch Zentrifugation (4.000 g, 20 min, 4 °C) geerntet. Das Sediment wurde in 2 ml eiskaltem TG-Puffer suspendiert und anschließend 20 ml von diesem Puffer zugegeben. Nach erneuter Zentrifugation (4.000 g, 10 min, 4 °C) wurde das Sediment erneut mit eiskaltem TG-Puffer gewaschen und zentrifugiert. Anschließend folgte zweimal die Suspension des Sediments in 2 ml eiskaltem 10 %igen (v/v) Glycerin und anschließender Zugabe von 20 ml 10 %igem (v/v) Glycerin mit nachfolgender Zentrifugation bei 4.000 g für 10 Minuten. Die Zellen wurden letztendlich in 1 ml 10 %igem (v/v) Glycerin aufgenommen und in 150 µl Aliquots in flüssigem Stickstoff schockgefroren. Die Lagerung der kompetenten Zellen erfolgte bei -80 °C.

2. Material und Methoden

Für die Transformation wurde je ein Aliquot kompetenter Zellen auf Eis aufgetaut, in Elektroporationsküvetten (Elektrodenabstand 2 mm, Biozym Scientific GmbH, Oldendorf) transferiert und mit 1 µg Plasmid-DNA versetzt. Dieser Ansatz wurde mit 800 µl eiskaltem 10 %igen (v/v) Glycerin überschichtet. Nach kurzer Inkubation auf Eis erfolgte die Elektroporation bei 25 µF, 200 Ω und 2,5 kV in einem Gene-Pulser® II. Sofort nach der Elektroporation wurden die Zellen mit 4 ml vorgewärmtem TY-Medium versetzt und in einem Wasserbad bei 46 °C einem 6-minütigen Hitzeschock unterzogen. Anschließend folgte eine Inkubation zur Resistenzausprägung schüttelnd für eine Stunde bei 30 °C. Nach Zentrifugation (6.000 g, 1 min) wurde der Überstand abgenommen und im verbleibenden Rest die Zellen suspendiert und zur Selektion auf Agarplatten mit Kanamycin (25 µg ml^{-1}) ausplattiert und bei 30 °C für zwei Tage inkubiert.

TG-Puffer

Tris	18 mg	0,15 mM
Glycerin (10 % (v/v))	15 ml	25 mM
H$_2$O	ad 1000 ml	**pH 7,5**; mit HCl eingestellt

2.6.13.4 Konstruktion einer *C. glutamicum*-Deletionsmutante

Die Herstellung von Deletionsmutanten in *C. glutamicum* erfolgte nach der von Schäfer *et al.* (1994) etablierten Methode mit einem Plasmid, basierend auf dem Vektor pK18mobsacB. In diesen wurde ein DNA-Fragment eingebracht, welches mittels cross-over PCR (Link *et al.*, 1997) hergestellt wurde und die gewünschte Deletion trägt. Anschließend folgte die Transformation des Deletionsvektors in *C. glutamicum* (2.6.13.2), wonach der Transformationsansatz auf BHIS-Platten mit Kanamycin (25 µg ml^{-1}) ausplattiert wurde. Der Vektor pK18mobsacB ist in *C. glutamicum* nicht replikationsfähig, wodurch dieser über homologe Rekombination im Bereich des Deletionskonstruktes in das Chromosom integriert werden sollte. Einige Kolonien der so erhaltenen Integranten wurden über Nacht in 5 ml TY mit 25 µg ml^{-1} Kanamycin bei 30 °C inkubiert. Anschließend wurden Verdünnungen (bis 10^{-4}) der Übernachtkulturen hergestellt und je 100 µl der 10^{-2}-Verdünnung auf eine TY-Platte mit 10 % (w/v) Saccharose mit und ohne 25 µg ml^{-1} Kanamycin ausplattiert. Die 10^{-3}- und 10^{-4}-Verdünnung wurden je auf eine TY-Platte mit 10 % (w/v) Saccharose und die 10^{-4}-Verdünnung zudem auf eine TY-Platte mit 25 µg ml^{-1} Kanamycin ausplattiert. Durch die von *sacB* kodierte Levan-Sucrase wird Saccharose zum Levan polymerisiert, das von *C. glutamicum* nicht ausgeschleust werden kann und somit letal wirkt (Schwarzer und Pühler, 1991; Bramucci und Nagarajan, 1996). Bei saccharoseresistenten Klonen sollte das Plasmid durch ein zweites

Rekombinationsereignis aus dem Chromosom entfernt worden sein. Es wird entweder der Wildtyp wiederhergestellt oder die gewünschte Deletion erzeugt. Die Kulturen, die auf den TY-Saccharose-Kanamycin-Platten nur wenige, aber auf den TY-Kanamycin-Platten viele Klone zeigten, wurden ausgehend von den TY-Saccharose-Platten auf TY-Agarplatten mit und ohne Kanamycin ausplattiert. Klone, die sowohl saccharoseresistent als auch kanamycinsensitiv waren, wurden mittels Kolonie-PCR (2.6.12.3) überprüft und als Negativkontrolle eine Standard-PCR (2.6.12.2) durchgeführt, wofür chromosomale DNA von *C. glutamicum* (WT) eingesetzt wurde. Zudem wurden die chromosomale DNA der potentiellen Mutanten isoliert (2.6.2.3) und der deletierte Bereich mittels Sequenzierung (2.6.6) bestätigt.

2.6.13.5 Transformation elektrokompetenter *E. coli*-Zellen

Die Transformation von Plasmiden in elektrokompetente *E. coli*-Zellen wurde in modifizierter Form nach der Methode von Dower *et al.* (1988) durchgeführt. Zur Herstellung der kompetenten Zellen wurde der entsprechende *E. coli*-Stamm in 5 ml LB-Medium angezogen. 250 ml LB-Medium wurden mit dieser Vorkultur inokuliert und bei 37 °C bis zu einer OD_{600} von 0,5 bis 0,8 angezogen und anschließend für 20 Minuten auf Eis inkubiert. Die Zellen wurden durch Zentrifugation (4.000 g, 10 min, 4 °C) geerntet und das Sediment zweimal mit 250 ml eiskaltem Wasser gewaschen. Es folgten zwei weitere Waschschritte mit jeweils 30 ml eiskaltem, 10 %igen (v/v) Glycerin, mit anschließendem Zentrifugationschritt (5.000 g bzw. 6.000 g, 10 min, 4 °C). Letztendlich wurde das Zellsediment in 1 ml eiskaltem 10 %igen (v/v) Glycerin aufgenommen und in 50-µl-Aliquots in flüssigem Stickstoff schockgefroren und bei -80 °C aufbewahrt.

Zur Elektroporation wurde ein Aliquot der kompetenten Zellen auf Eis aufgetaut und in einer auf Eis gekühlten Elektroporationsküvette (Elektrodenabstand 2 mm, Biozym Scientific GmbH, Oldendorf) mit 1 µg Plasmid-DNA versetzt. Die Transformation wurde bei einer Spannung von 2,5 kV, mit einer Kapazität von 25 µF und einem Widerstand von 200 Ω an einem Gene-Pulser® II durchgeführt. Die resultierende Zeitkonstante lag meist zwischen 4,5 und 5 ms. Direkt nach dem Stromimpuls wurde die Zellsuspension mit 800 µl LB-Medium versetzt, für 1 h bei 37 °C regeneriert und nach Zentrifugation (6.000 g, 1 min) 800 µl des Überstandes abgenommen. Die Zellen wurden im restlichen Medium suspendiert und auf Selektivnährböden ausplattiert und bei 37 °C inkubiert.

2. Material und Methoden

2.6.13.6 Transformation kaltkompetenter *E. coli*-Zellen

Zur Transformation von Ligationen wurden kaltkompetente *E. coli*-Zellen eingesetzt, da diese auch bei hohen Salzkonzentrationen möglich ist. Zur Herstellung kaltkompetenter Zellen von *E. coli* (Inoue *et al.*, 1990, mod.) wurde zunächst eine Stammkultur auf einer selektiven LB-Agarplatte ausgestrichen und über Nacht bei 37 °C inkubiert. Ausgehen von einer Einzelkolonie wurden 5 ml LB-Medium inokuliert und über Nacht bei 37 °C schüttelnd inkubiert. Diese Vorkultur wurde als Inokulum für 250 ml SOB-Medium eingesetzt. Diese wurde bei 18 °C bis zu einer OD_{600} von 0,6 bis 0,8 schüttelnd kultiviert. Anschließend erfolgte eine Inkubation für 10 Minuten auf Eis, woran sich die Zellernte mittels Zentrifugation (3.000 g, 10 min, 4 °C) anschloss. Das erhaltene Sediment wurde in 80 ml eiskaltem PIPES-Puffer suspendiert, für 10 Minuten auf Eis inkubiert und abermals zentrifugiert. Das Zellsediment wurde nun in 20 ml kaltem PIPES-Puffer gelöst und langsam 1,5 ml DMSO zugegeben. Anschließend folgte das Schockgefrieren von 200-µl-Aliquots in flüssigem Stickstoff und die Aufbewahrung der Zellen bei -80 °C.

Für die Transformation wurde ein Aliquot auf Eis aufgetaut, mit dem Ligationsansatz (2.6.11.3) oder 1 µg Plasmid versetzt und 45 Minuten auf Eis inkubiert. Es folgte ein Hitzeschock für 1 Minute bei 42 °C. Anschließend wurden die Zellen sofort wieder auf Eis gegeben und hier für 2 Minuten belassen, bevor diese mit 800 µl vorgewärmtem SOC-Medium versetzt wurden. Zur Resistenzausprägung wurde der Ansatz für eine Stunde bei 37 °C schüttelnd inkubiert. Nach einer Zentrifugation (6.000 g, 1 min) wurden 800 µl abgenommen und die Zellen im restlichen Medium suspendiert und auf Selektivmedium ausplattiert.

Bei Transformation in *E. coli* XL2-blue wurden 12 µl Zellen mit 3 µl Ligation (2.6.11.3) oder 0,5 µg Plasmid versetzt, für 30 Minuten auf Eis inkubiert und für 30 Sekunden einem Hitzeschock bei 42 °C unterzogen. Der Ansatz wurde für 2 Minuten auf Eis belassen, bevor 200 µl vorgewärmtes SOC-Medium zugegeben wurden. Zur Resistenzausprägung wurde der Ansatz für eine Stunde bei 37 °C schüttelnd inkubiert und anschließend auf Selektivmedium ausplattiert und bei 37 °C im Brutschrank inkubiert

PIPES-Puffer

Pipes	0,8 g	8,3 mM
$CaCl_2$	0,4 g	15,2 mM
KCl	4,7 g	0,3 mM
$MnCl_2 \times 4\ H_2O$	1,7 g	34,8 mM
H_2O	ad 250 ml	**pH 6,7**; mit KOH eingestellt

PIPES und Calciumchlorid wurden getrennt von Kaliumchlorid und Manganchlorid autoklaviert und vor Gebrauch zusammengegeben.

2.6.13.7 Konjugation

Parallel zur Elektrotransformation wurde versucht *C. aceticum* durch Konjugation nach einer Methode von Purdy *et al.* (2002) zu transformieren.
Es wurde der *E. coli*-Donorstamm CA434, der das zu übertragende Plasmid (entweder pIMPoriTori2 oder pMTL007) enthielt, in 5 ml LB-Medium über Nacht angezogen. Ein 1-ml-Aliquot wurde zentrifugiert (10.000 g, 1 min) und das Zellsediment vorsichtig, um ein Abscheren der konjugativen Pili zu verhindern, in 1 ml PBS-Puffer gelöst. Die Zellen wurden erneut zentrifugiert und in der Anaerobenkammer das Sediment in 200 µl einer 48h-*Clostridien*-Kultur suspendiert. Von dieser Suspension wurden 10-µl-Aliquots auf eine gut getrocknete Agarplatte verteilt und für mindestens 4 h Stunden bei 37 °C inkubiert. Daraufhin wurden die Zellen 2-mal mit 0,5 ml anaerobem PBS-Puffer von der Agarplatte geschwemmt. Dieses Konjugationsgemisch wurde zentrifugiert (10.000 g, 1 min), der Überstand bis auf 200 µl abgenommen, das Sediment darin suspendiert und auf selektiven Agarplatten ausplattiert. Die Selektion gegen *E. coli* erfolgte mit Colistin, welches in der verwendeten Arbeitskonzentration unwirksam gegen Clostridien ist, *E. coli* jedoch hemmt.

PBS-Puffer (Purdy *et al.*, 2002)

KH_2PO_4	0,2 g	1,5 mM
$Na_2HPO_4 \times 2\, H_2O$	0,7 g	3,9 mM
NaCl	8 g	160 mM
KCl	0,1 g	1,3 mM
H_2O	ad 1000 ml	**pH 7,4**

Alle Komponenten wurden eingewogen und in der Anaerobenkammer mit anaerobem Wasser versetzt und der pH eingestellt.

2.6.13.8 Blau-Weiß-Selektion rekombinanter *E. coli*-Klone

Zur Überprüfung rekombinanter *E. coli*-Stämme auf Insertion in die multiple Klonierungsstelle von pDrive kam die Blau-Weiß-Selektion zum Einsatz.
Dieses Prinzip beruht darauf, dass manche *E. coli*-Stämme eine chromosomal lokalisierte Deletion *laqI^{q}Z*ΔM15 besitzen und keine funktionsfähige β-Galactosidase bilden können. Dieser Defekt kann durch einen auf dem Vektor liegenden Genort (lacPOZ') ausgeglichen werden und somit die Bildung einer funktionellen β-Galactosidase ermöglichen. Ist dieser in der multiplen Klonierungsstelle lokalisiert, kann durch Einbringen eines DNA-

2. Material und Methoden

Fragmentes keine funktionsfähige β-Galactosidase mehr gebildet werden. Durch Zugabe des Substratanalogons X-Gal (5-Brom-4-Chlor-3-Indolyl-β-D-Galactosid) kann dies überprüft werden. Durch eine aktive β-Galactosidase wird X-Gal zu Galactose und 5-Brom-4-Chlor-Indoxyl hydrolysiert und bildet in Verbindung mit Sauerstoff einen blauen Farbstoff aus, welcher die Kolonien anfärbt. Wurden die Transformanten auf Agarplatten ausplattiert, die X-Gal und IPTG enthielten, so konnten die Kolonien anhand ihrer Färbung getrennt werden. Die weißen Kolonien stellten die Klone dar, die ein Insert in der multiple Klonierungsstelle ihres Plasmids trugen, während die Blauen die unerwünschten Religanten waren.

Für eine erfolgreiche Blau-Weiß-Selektion wurden 30 Minuten vor Verwendung der selektiven Agarplatten 40 µl X-Gal-Lösung und 20 µl IPTG-Lösung (Tab. 5) ausplattiert und diese getrocknet.

2.6.13.9 Methylierung von Plasmid-DNA

Clostridien verfügen über ein sequenzspezifisches Restriktionssysteme, wodurch Fremd-DNA degradiert wird, wohingegen methylierte Plasmid-DNA davor geschützt wäre. Die Methylierung erfolgt durch eine Methyltransferase aus dem *Bacillus subtilis*-Phagen Φ3T (Tran-Betcke *et al.*, 1986; Noyer-Weidner *et al.*, 1985, Noyer-Weidner *et al.*, 1983). Diese methyliert das innenliegende Cytosin der Sequenz 5'-GGCC-3' und 5'-GCNGC-3' (Balganesh *et al.*, 1987). Die Plasmid-DNA ist in *C. acetobutylicum* vor der Degradierung durch die Restriktionsendonuklease *Cac*824I, welche diese Sequenzen erkennen und schneiden, geschützt. Die zur Elektroporation eingesetzten Vektoren wurden deshalb mit der auf dem Plasmid pANS1 (Böhringer, 2002) kodierten Methyltransferase *in vivo* methyliert. Dafür wurden die *E. coli*-Stämme ER2275 oder XL1-Blue MRF' verwendet, da sie die Restriktionssyteme McrA, McrBC und Mrr nicht besitzen. Diese erkennen und schneiden DNA, bei der das Cytosin der Sequenz 5'-CG-3' methyliert ist (Kelleher und Raleigh, 1991). Das Plasmid pANS1 wurde zunächst in diese Stämme eingebracht und diese dann mit dem zu methylierenden Plasmid transformiert. Der p15A-Replikationsursprung von pANS1 ist dabei kompatibel mit dem ColE1-Replikon. Alle konstruierten Vektoren zur Transformation in Clostridien tragen dieses Replikon. Die so modifizierte Plasmid-DNA wurde durch Präparation (2.6.2.5) aus den *E. coli*-Stämmen isoliert. Dabei musste das Plasmid pANS1 nicht extra aus den Plasmid-Präparationen entfernt werden, da es nicht in Clostridien replizieren kann. Eine erfolgreiche Methylierung konnte durch einen Restriktionsverdau mit *Sat*I (Erkennungssequenz: 5'-GC*NGC-3'), einem methylierungssensiblen Isoschizomer von *Cac*824I, überprüft werden.

2.7 Gase, Chemikalien, Materialien, Software und Geräte

2.7.1 Gase

Alle Gase und Gasgemische, für anaerobe Arbeiten bzw. für Analysen am Gaschromatographen, wurden von der Firma MTI Industriegase AG, Neu-Ulm bezogen und sind in Tabelle 7 aufgelistet.

Tab. 7: Gase und Gasgemische

Gas / Gasgemisch	Zusammensetzung	Verwendung
$CO_2 + H_2$	80 % Wasserstoff 20 % Kohlendioxid	Substrat für Bakterien
Formiergas	95 % Stickstoff 5 % Wasserstoff	Anaerobenkammer
Stickstoff (5.0)	100 % Stickstoff	Anaerobes Arbeiten Trägergas GC
Synthetische Luft	79 % Stickstoff 21 % Sauerstoff	FID GC
Wasserstoff	100 % Wasserstoff	FID GC

2.7.2 Chemikalien

Alle in dieser Arbeit verwendeten Chemikalien sind in Tabelle 8 erfasst.

Tab. 8: Chemikalien

Chemikalien	Lieferant / Hersteller
Acetoin	Sigma-Aldrich Chemie GmbH, Schnelldorf
Aceton	Merck KGaA, Darmstadt
Acetyl-CoA	Genaxxon Bioscience GmbH, Ulm
Adenosin-5'-Triphosphat	Roche Diagnostics GmbH, Mannheim
Agar "Bacto®"	Otto Nordwald GmbH, Hamburg
Agarose	SERVA Electrophoresis GmbH, Heidelberg

2. Material und Methoden

Fortsetzung Tab. 8: Chemikalien

Chemikalien	Lieferant / Hersteller
Aluminiumkaliumsulfat x 12 H_2O	Merck KgaA, Darmstadt
Aluminiumsulfat x 18 H_2O	Merck KgaA, Darmstadt
p-Aminobenzoesäure (Vitamin B10)	Sigma-Aldrich Chemie GmbH, Schnelldorf
Ammoniumchlorid	Sigma-Aldrich Chemie GmbH, Schnelldorf
Ammoniumeisen(III)-citrat	Sigma-Aldrich Chemie GmbH, Schnelldorf
Ammoniumeisen(II)-sulfat x 6 H_2O	Merck KgaA, Darmstadt
Ammoniumsulfat	Sigma-Aldrich Chemie GmbH, Schnelldorf
Ampicillin Natriumsalz	Roche Diagnostics GmbH, Mannheim
Biotin (Vitamin H)	Sigma-Aldrich Chemie GmbH, Schnelldorf
Borsäure	Mallinckrodt Baker, Griesheim
Brain-Heart-Infusion	BD Diagnostics, Sparks (USA)
5-Brom-4-chlor-3-indolyl-D-galactosid	GERBU Biochemicals GmbH, Gaiberg
Bromphenolblau	Merck KGaA, Darmstadt
1-Butanol	Merck KGaA, Darmstadt
Butyrat-Natriumsalz	Merck KGaA, Darmstadt
Calciumchlorid	Sigma-Aldrich Chemie GmbH, Schnelldorf
Calciumchlorid x 2 H_2O	Merck KGaA, Darmstadt
Calciumcarbonat	Merck KGaA, Darmstadt
D-Calcium-Pantothensäure (Vitamin B5)	Sigma-Aldrich Chemie GmbH, Schnelldorf
Citronensäure x H_2O	Merck KGaA, Darmstadt
Clarithromycin	Abbott GmbH & Co.KG, Wiesbaden
Cyanocobalamin (Vitamin B12)	Sigma-Aldrich Chemie GmbH, Schnelldorf
L-Cystein-HCl x H_2O	Merck KGaA, Darmstadt
Dimethylformamid	Sigma-Aldrich Chemie GmbH, Schnelldorf
Dextransulfat	Sigma-Aldrich Chemie GmbH, Schnelldorf
DTNB	SERVA Electrophoresis GmbH, Heidelberg
Eisen(II)-sulfat x 7 H_2O	Merck KGaA, Darmstadt
Essigsäure (100 % (v/v); Eisessig)	Sigma-Aldrich Chemie GmbH, Schnelldorf

2. Material und Methoden

Fortsetzung Tab. 8: Chemikalien

Chemikalien	Lieferant / Hersteller
Ethanol (absolut)	Sigma-Aldrich Chemie GmbH, Schnelldorf
Ethanol (99,8 % (v/v)) vergällt	Apotheke des Universitätsklinikums Ulm
Ethidiumbromidlösung (1 % (w/v))	Carl Roth GmbH & Co.KG, Karlsruhe
Ethylendiamin-N,N,N',N'- tetraessig-säure-Dinatriumsalz x 2 H_2O	Carl Roth GmbH & Co.KG, Karlsruhe
Folsäure (Vitamin B9)	Merck KGaA, Darmstadt
D-(-)-Fructose	Sigma-Aldrich Chemie GmbH, Schnelldorf
Glucose x H_2O	Merck KGaA, Darmstadt
Glycerin	Sigma-Aldrich Chemie GmbH, Schnelldorf
Harnstoff	Sigma-Aldrich Chemie GmbH, Schnelldorf
Hefeextrakt "Bacto®"	Otto Nordwald GmbH, Hamburg
Hexadecyltrimethylammoniumbromid	Merck KGaA, Darmstadt
Isobutanol	Merck KGaA, Darmstadt
Isopropanol	Sigma-Aldrich Chemie GmbH, Schnelldorf
Isopropyl-β-D-thiogalactopyranosid	Carl Roth GmbH & Co.KG, Karlsruhe
Kaliumacetat	Merck KGaA, Darmstadt
Kaliumchlorid	Merck KGaA, Darmstadt
Kaliumdihydrogenphosphat	Sigma-Aldrich Chemie GmbH, Schnelldorf
di-Kaliumhydrogenphosphat	Sigma-Aldrich Chemie GmbH, Schnelldorf
Kaliumsulfat	Sigma-Aldrich Chemie GmbH, Schnelldorf
Kanamycinsulfat	Carl Roth GmbH & Co.KG, Karlsruhe
Kobaltchlorid x 6 H_2O	Sigma-Aldrich Chemie GmbH, Schnelldorf
Kupfer(II)-chlorid x 2 H_2O	Merck KGaA, Darmstadt
Kupfer(II)-sulfat	Sigma-Aldrich Chemie GmbH, Schnelldorf
α-Liponsäure	Sigma-Aldrich Chemie GmbH, Schnelldorf
Magnesiumchlorid x 6 H_2O	Merck KGaA, Darmstadt
Magnesiumsulfat	Sigma-Aldrich Chemie GmbH, Schnelldorf
Magnesiumsulfat x 7 H_2O	Sigma-Aldrich Chemie GmbH, Schnelldorf
Manganchlorid x 4 H_2O	Merck KGaA, Darmstadt

2. Material und Methoden

Fortsetzung Tab. 8: Chemikalien

Chemikalien	Lieferant / Hersteller
Mangansulfat x H_2O	Merck KGaA, Darmstadt
2-Mercaptoethanol	Merck KGaA, Darmstadt
MOPS	Carl Roth GmbH & Co.KG, Karlsruhe
di-Methylsulfoxid	Sigma-Aldrich Chemie GmbH, Schnelldorf
Natriumacetat	Merck KGaA, Darmstadt
Natriumazid	Sigma-Aldrich Chemie GmbH, Schnelldorf
Natriumcarbonat	Sigma-Aldrich Chemie GmbH, Schnelldorf
Natriumchlorid	Merck KGaA, Darmstadt
tri-Natriumcitrat x 2 H_2O	AppliChem GmbH, Darmstadt
Natriumdihydrogenphosphat x 2 H_2O	Sigma-Aldrich Chemie GmbH, Schnelldorf
Natriumdodecylsulfat	Carl Roth GmbH & Co.KG, Karlsruhe
Natrium-L-Glutamat	Merck KGaA, Darmstadt
Natriumhydrogencarbonat	Merck KGaA, Darmstadt
di-Natriumhydrogenphosphat x 2 H_2O	Sigma-Aldrich Chemie GmbH, Schnelldorf
Natriumhydroxid	Sigma-Aldrich Chemie GmbH, Schnelldorf
Natriummolybdat x 2 H_2O	Merck KGaA, Darmstadt
di-Natriummolybdat x 2 H_2O	Merck KGaA, Darmstadt
Natriumselenit	Merck KGaA, Darmstadt
Natriumsulfid x 9 H_2O	Merck KGaA, Darmstadt
Natriumwolframat	Merck KGaA, Darmstadt
Nickel(II)-chlorid x 6 H_2O	Sigma-Aldrich Chemie GmbH, Schnelldorf
β-Nicotinamidadenindinukleotid-2'-phosphat	GERBU Biotechnik GmbH, Gaiberg
Nicotinsäureamid (Vitamin PP)	Merck KGaA, Darmstadt
Nitrilotriessigsäure	Sigma-Aldrich Chemie GmbH, Schnelldorf
Oxalacetat	Merck KGaA, Darmstadt
Piperazin-N,N'-bis(2-ethansufonsäure)	Sigma-Aldrich Chemie GmbH, Schnelldorf
Pyridoxin-HCl (Vitamin B6)	Merck KGaA, Darmstadt

2. Material und Methoden

Fortsetzung Tab. 8: Chemikalien

Chemikalien	Lieferant / Hersteller
Resazurin	Honeywell Specialty Chemicals Seelze GmbH, Seelze
Riboflavin (Vitamin B2)	Sigma-Aldrich Chemie GmbH, Schnelldorf
"Roti®-Aqua-Phenol"	Carl Roth GmbH & Co.KG, Karlsruhe
"Roti®Chloroform"	Carl Roth GmbH & Co.KG, Karlsruhe
"Roti®-Phenol"	Carl Roth GmbH & Co.KG, Karlsruhe
D-(+)-Saccharose	Sigma-Aldrich Chemie GmbH, Schnelldorf
Salzsäure (32 % (v/v))	Merck KGaA, Darmstadt
Sorbit	Sigma-Aldrich Chemie GmbH, Schnelldorf
Tetracyclin-HCl	Merck KGaA, Darmstadt
Thiamin-HCl (Vitamin B1)	Sigma-Aldrich Chemie GmbH, Schnelldorf
DL-Threonin	Merck KGaA, Darmstadt
Tris-(hydroxymethyl)-aminomethan	USB Corporation, Cleveland (USA)
Trypton "Bacto®"	Otto Nordwald GmbH, Hamburg
Xylencyanol FF	Sigma-Aldrich Chemie GmbH, Schnelldorf
Zinksulfat x 7 H_2O	Merck KGaA, Darmstadt

2. Material und Methoden

2.7.3 Enzyme

In dieser Arbeit wurden Restriktionsendonukleasen der Fermentas GmbH, St. Leon Rot verwendet. Alle weiteren Enzyme sind in Tabelle 9 aufgelistet.

Tab. 9: Enzyme

Enzyme	Lieferant / Hersteller
Hexokinase/Glucose-6-Phosphat Dehydrogenase (Hexo.: 340 U ml^{-1}; G-6-Dehydro.: 170 U ml^{-1})	Roche Diagnostics GmbH, Mannheim
High Fidelity PCR Enzyme Mix (5 U µl^{-1})	Fermentas GmbH, St. Leon-Rot
Lysozym (84.468 U mg^{-1})	Sigma-Aldrich Chemie GmbH, Schnelldorf
Proteinase K (2,5 U mg^{-1})	Roche Diagnostics GmbH, Mannheim
RNase A (5 U µl^{-1})	Fermentas GmbH, St. Leon-Rot
RiboLock™ RNase Inhibitor (40 U µl^{-1})	Fermentas GmbH, St. Leon-Rot
DNase I (50 - 375 U µl^{-1})	Invitrogen GmbH, Karlsruhe
ReproFast Polymerase (5 U µl^{-1})	Genaxxon BioScience GmbH, Ulm
Shrimp Alkaline Phosphatase (SAP) (1 U µl^{-1})	Fermentas GmbH, St. Leon-Rot
T4-DNA-Ligase (1 U µl^{-1})	Fermentas GmbH, St. Leon-Rot

2.7.4 Molekularbiologische Hilfsmittel

In dieser Arbeit wurden folgende molekularbiologische "Kits" eingesetzt (Tab. 10).

Tab. 10: Verwendete "Kits"

"Kit"	Lieferant / Hersteller
BCA™ Protein Assay Kit	Thermo Scientific, Rockford (USA)
GFX *Micro* Plasmid Prep Kit	GE Healthcare Europe GmbH, München
HexaLabel Plus™ DNA Labeling Kit	Fermentas GmbH, St. Leon-Rot
illustra™ MicroSpin G-25 Columns	GE Healthcare Europe GmbH, München

2. Material und Methoden

Fortsetzung Tab. 10: Verwendete "Kits"

"Kit"	Lieferant / Hersteller
peqGOLD Plasmid Miniprep Kit II	PEQLAB Biotechnologie GmbH, Erlangen
QIAGEN PCR Cloning Kit	QIAGEN GmbH, Hilden
RNeasy Midi Kit	QIAGEN GmbH, Hilden
UltraClean™ 15 DNA Purification Kit	MO BIO Laboratories, Inc., Carlsbad (USA)
Zyppy™ Plasmid Miniprep Kit	HiSS Diagnostics GmbH, Freiburg

2.7.5 Software

Für diese Arbeit wurde verschiedene Computer-Software angewandt, welche in Tabelle 11 aufgelistet sind:

Tab. 11: Verwendete Software

Software	Hersteller
Clone Manager Suite 7	Scientific & Educational Software, Cary (USA)
DeVision G 2.0	Decon Science Tec, Hohengandern
Enhance Map Draw 4.1	Scientific & Educational Software, Cary (USA)
Graphical Codon Usage Analyser 2.0	Fuhrmann *et al.*, 2005
JCat	Grote *et al.*, 2005
Kyoto Encyclopedia of Genes and Genomes	Kanehisa und Goto, 2000
Maestro Sampler II (Version 2.1)	Varian Deutschland GmbH, Darmstadt
SWIFT II (Version 2.01)	GE Healthcare Europe GmbH, München

2. Material und Methoden

2.7.6 Geräte

Die in dieser Arbeit verwendeten Geräte sind in Tabelle 12 aufgelistet.

Tab. 12: Verwendete Geräte

Gerät	Hersteller
Agarose-Gelelektrophorese-Kammer	Werkstatt der Universität Ulm
Anaerobenkammer	Werkstatt der Universität Ulm
Brutschrank "B 5050 T"	Heraeus Holding GmbH, Hanau
Eismaschine "Scotsman AF-200"	Scotsman Ice Systems, Mailand (Italien)
Elektrophorese "Power Supply ST 606"	Invitrogen GmbH, Karlsruhe
Elektroporationsgerät "Gene-Pulser® II mit Pulse Controller Plus"	Bio-Rad Laboratories GmbH, München
Feinwaage "AE 163"	Mettler-Toledo GmbH, Giessen
Filmentwickler "VCURIX 60V"	Agfa Graphics Germany GmbH & Co.KG, Düsseldorf
Fotodokumentationsanlage "Gelprint 2000i"	MWG Biotech AG, Ebersberg
Gaschromatograph "CP 9001"	Chrompack GmbH, Berlin
Heizblock	Technische Werkstatt der Universität Göttingen
Heizpilz (2 l)	Tyco Thermal Controls GmbH, Heidelberg
Heizpilz (4 l)	Heraeus Holding GmbH, Hanau
Hybridisierungsofen "BFD 53"	WTB Binder Labortechnik GmbH, Tuttlingen
Inkubationsschüttler (30 °C) "Certomat SII"	Sartorius AG, Göttingen
Inkubationsschüttler (37 °C) "HT"	Infors GmbH, Einsbach
Inkubationsschüttler (30 °C) für Reagenzgläser "Certomat SSI"	Sartorius AG, Göttingen
Inkubationsschüttler (37 °C) für Reagenzgläser "G24 Environmental Incubation Shaker"	New Brunswick Scientific GmbH, Nürtingen
Kühlzentrifuge "5402"	Eppendorf AG, Hamburg
Kühlzentrifuge "5804 R"	Eppendorf AG, Hamburg
Kühlzentrifuge "ZK 401"	HERMLE Labortechnik GmbH, Wehingen

2. Material und Methoden

Fortsetzung Tab. 12: Verwendete Geräte

Gerät	Hersteller
Magnetrührer "IKAMAG® RCT"	IKA® Werke GmbH & Co.KG, Staufen
Mikroplatten-Lesegerät "anthos HTIII"	Anthos Labtec Instruments GmbH, Wals (Österreich)
Mikrowelle Moulinex "OPTIQUICK"	Groupe SEB Deutschland GmbH, Offenbach
PCR-Maschine "PTC-200"	Biozym Scientific GmbH, Oldendorf
pH-Messgerät "WTW pH 521"	WTW Wissenschaftlich-Technische Werkstätten GmbH, Weilheim
Photodokumentationsanlage Mitsubishi P93D	Eurofins MWG Operon, Ebersberg
Reinstwasseranlage "ELGASTAT Maxima"	USF Deutschland GmbH, Ransbach-Baumbach
Reinstwasseranlage "PURELAB Classic"	ELGA LabWater, Celle
Ribolyser "HYBAID"	Hybaid GmbH, Heidelberg
Spektralphotometer "Ultrospec® 3100 *pro*"	GE Healthcare Europe GmbH, München
Spektralphotometer für Röhrchen "GENESYS 10$_{vis}$"	Thermo Fischer Scientific, Dreieich
Tischzentrifuge "Biofuge A"	Heraeus Holding GmbH, Hanau
Tischzentrifuge "Biofuge *pico*"	Heraeus Holding GmbH, Hanau
Tischzentrifuge "Mini Spin®"	Eppendorf AG, Hamburg
Ultraschallbad	Bandelin electronic GmbH & Co.KG, Berlin
UV-Crosslinker	GE Healthcare Europe GmbH, München
UV-Schirm TFP-M/WL (312 nm)	biostep GmbH, Jahnsdorf
UV-Schirm UST-30L-8E (365 nm)	biostep GmbH Jahnsdorf
Vortexer "REAX 2000"	Heidolph Instruments GmbH & Co KG, Schwabach
Waage "BP 2100 S"	Sartorius AG, Göttingen
Waage "BP 8100"	Sartorius AG, Göttingen
Wandautoklav	Münchener Medizin Mechanik, Planegg
Wasserbad "GFL"	GFL - Gesellschaft für Labortechnik mbH, Burgwedel
Wasserbad "HAAKE FISONS SWB 20"	Thermo Fischer Scientific, Dreieich

2. Material und Methoden

Fortsetzung Tab. 12: Verwendete Geräte

Gerät	Hersteller
Zentrifuge für Hungate-Röhrchen "EBA 20"	Andreas Hettich GmbH & Co.KG, Tuttlingen
Zentrifuge für Hungate-Röhrchen "EBA 3S"	Andreas Hettich GmbH & Co.KG, Tuttlingen

3. Experimente und Ergebnisse

In *Clostridium acetobutylicum* sind die essentiellen Gene für die Lösungsmittelbildung auf dem polycistronischen *sol*-Operon lokalisiert (Sauer und Dürre, 1995). Dieses beinhaltet die Gene *adhE* (kodiert für eine bifunktionelle Butyraldehyd-/Butanol-Dehydrogenase; Fischer *et al.*, 1993; Nair *et al.*, 1994; Thormann *et al.*, 2002), *ctfA*, *ctfB* (kodieren für Untereinheiten der Acetacetyl-CoA: Acetat/Butyrat:CoA-Transferase; Petersen *et al.*, 1993; Fischer *et al.*, 1993) sowie einen kleinen offenen Leserahmen *orfL* (Abb. 6). Die Transkription des Operons wird durch einen Rho-unabhängigen Terminator beendet, der auch für das divergent liegende *adc*-Operon (kodiert für Acetacetat-Decarboxylase; Westheimer, 1969; Fridovich, 1972) fungiert (Gerischer und Dürre, 1990; Petersen *et al.*, 1993).

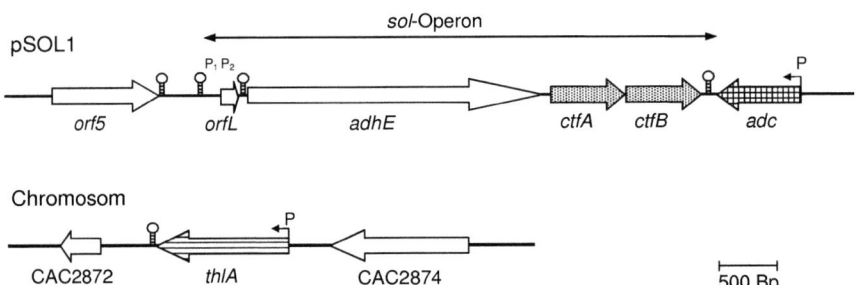

Abb. 6: Genetische Organisation der an der Lösungsmittelsynthese beteiligten Gene. P: Promoter, ♀: Terminatorstruktur, *orf5*, *orfL*: Offener Leserahmen; *adhE*: Gen für Butyraldehyd-/Butanol-Dehydrogenase; *ctfA/ctfB*: Gene für Acetacetyl-CoA:Acetat/Butyrat: CoA-Transferase; *adc*: Gen für Acetacetat-Decarboxylase; CAC2872: Gen für Membranprotein, *thlA*: Thiolase, CAC2874: Gen für UDP-N-Acetylglucosamin-2-epimerase

Bei der Acetonproduktion in *C. acetobutylicum* (Abb. 7) werden zwei Moleküle Acetyl-CoA von der Thiolase (ThlA) zu Acetacetyl-CoA umgesetzt. Die Thiolase wird von *thlA* kodiert und ist als monocistronisches Operon auf dem Chromosom lokalisiert (Wiesenborn *et al.*, 1988; Petersen und Bennett, 1991; Winzer *et al.*, 2000). Acetacetyl-CoA wird durch die Aktivität der CoA-Transferase (CtfAB) zu Acetacetat umgesetzt, das im finalen Schritt durch die Acetacetat-Decarboxylase (Adc) zu Aceton decarboxyliert wird.

3. Experimente und Ergebnisse

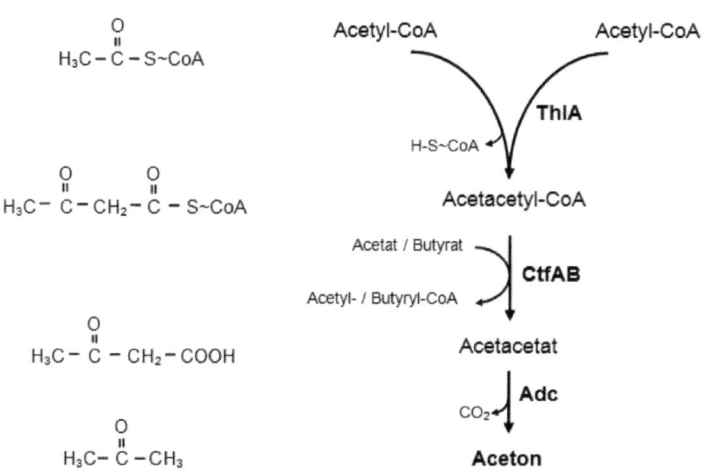

Abb. 7: Acetonproduktion in *C. acetobutylicum* ausgehend von zwei Molekülen Acetyl-CoA

3.1 Konstruktion eines Aceton-Synthese-Operons

Um *Escherichia coli*, *Corynebacterium glutamicum* und *Clostridium aceticum* zur Acetonproduktion zu befähigen, wurde ein Aceton-Synthese-Operon konstruiert, das die Gene der Thiolase (*thlA*), der CoA-Transferase (*ctfAB*) und der Acetacetat-Decarboxylase (*adc*) aus *C. acetobutylicum* beinhaltet.
Für die Konstruktion dieses Aceton-Synthese-Operons wurden diese Gene vom *C. acetobutylicum* ATCC 824-Genom amplifiziert. Über entsprechende Oligonukleotide wurden Schnittstellen für eine gerichtete Klonierung generiert, um die Gene im Vektor pUC18 sukzessive zusammenfügen zu können. In einer Standard-PCR wurde *adc* mit Hilfe der Oligonukleotide "adc_fw" und "adc_rev" amplifiziert, *ctfAB* mit "ctfAB_fw" und "ctfAB_rev" sowie *thlA* mit den "Primern" "thlA_fw" und "thlA_rev". Alle Fragmente wurden nach der PCR über die von der Polymerase generierten A-Überhänge in den Vektor pDrive kloniert. pDrive_adc wurde anschließend einem *Acc*65I-*Eco*RI-Verdau unterzogen und das so erhaltene 747-Bp-große-Fragment in den ebenso verdauten pUC18-Vektor ligiert. Nachfolgend wurde pDrive_thlA, mit *Sal*I und *Bam*HI verdaut und in das gleich behandelte Plasmid pUC_adc ligiert. Im letzten Schritt wurde pDrive_ctfAB einem *Bam*HI-*Acc*65I-Verdau unterzogen, ebenso wie das Plasmid pUC_adc_thlA. Nach erfolgreicher Ligation entstand das Plasmid pUC_adc_ctfAB_thlA. In Abbildung 8 ist die Klonierung schematisch dargestellt.

3. Experimente und Ergebnisse

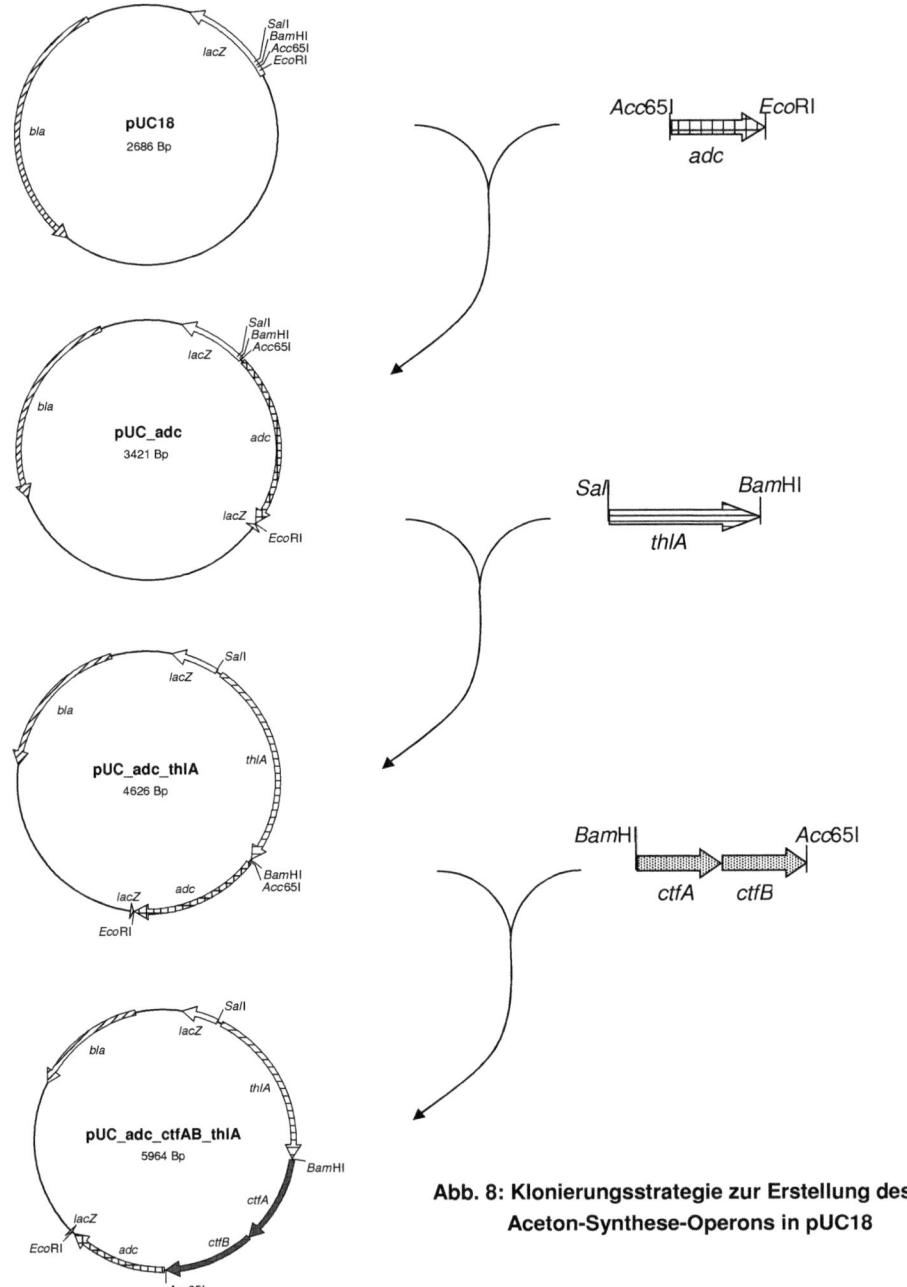

Abb. 8: Klonierungsstrategie zur Erstellung des Aceton-Synthese-Operons in pUC18

3. Experimente und Ergebnisse

Das konstruierte Aceton-Synthese-Plasmid pUC_adc_ctfAB_thlA wurde sequenziert, um Mutationen auszuschließen.

3.2 Acetonproduktion mittels Aceton-Synthese-Operon in pUC18

Das in pUC18 erstellte synthetische Acetonoperon wurde in *E. coli* auf seine Fähigkeit zur Acetonsynthese untersucht, indem Wachstumsversuche in 100-ml-TY$_{Amp}$-Medium durchgeführt wurden. In nachfolgenden gaschromatographischen Analysen wurden für *E. coli* XL2-Blue pUC_adc_ctfAB_thlA maximal 0,6 mM Aceton nachgewiesen. Da bereits 1998 von Bermejo *et al.* beschrieben wurde, dass unterschiedliche *E. coli*-Stämme variierende Produktionsraten zur Folge haben können, wurde das Plasmid pUC_adc_ctfAB_thlA zudem in die *E. coli*-Stämme DH5α, ER2275, HB101 und SURE eingebracht. Nach Wachstumsversuchen konnten für die plasmidtragenden *E. coli*-Stämme ER2275 und DH5α bis zu 5 mM Aceton, für *E. coli* SURE 25 mM und für *E. coli* HB101 34 mM Aceton detektiert werden. Mit dem Kontrollvektor pUC18 wurden in allen Stämmen ca. 0,5 mM Aceton nachgewiesen. Nachdem die *E. coli*-Stämme, die das Aceton-Synthese-Operon tragen, in der Lage waren, Aceton zu produzieren, wurde das konstruierte Operon in die Vektoren pEKEx-2 und pIMP1 subkloniert.

3.3 Subklonierung des Aceton-Synthese-Operons

Um neben *E. coli* auch *C. glutamicum* und *C. aceticum* zur heterologen Acetonproduktion zu befähigen, wurde das Aceton-Synthese-Operon in die Vektoren pEKEx-2 und pIMP1 kloniert. pEKEx-2 ist ein "shuttle"-Vektor für *E. coli* und *C. glutamicum*. Eingebrachte Gene stehen unter der Kontrolle des IPTG-induzierbaren *tac*-Promoters (Eikmanns *et al.*, 1994). pIMP1 ist ein "shuttle"-Vektor, der in der Lage ist, in *E. coli* und *C. acetobutylicum* zu replizieren (Mermelstein *et al.*, 1992).

Das konstruierte 3311 Bp große Aceton-Synthese-Operon wurde mittels Restriktionsverdau über die außenliegenden Schnittstellen *Sal*I und *Eco*RI aus dem Plasmid pUC_adc_ctfAB_thlA geschnitten, gereinigt und über diese Erkennungssequenzen in die Vektoren pEKEx-2 und pIMP1 kloniert. Abbildung 9 zeigt schematisch die Subklonierung in den Vektor pEKEx-2.

3. Experimente und Ergebnisse

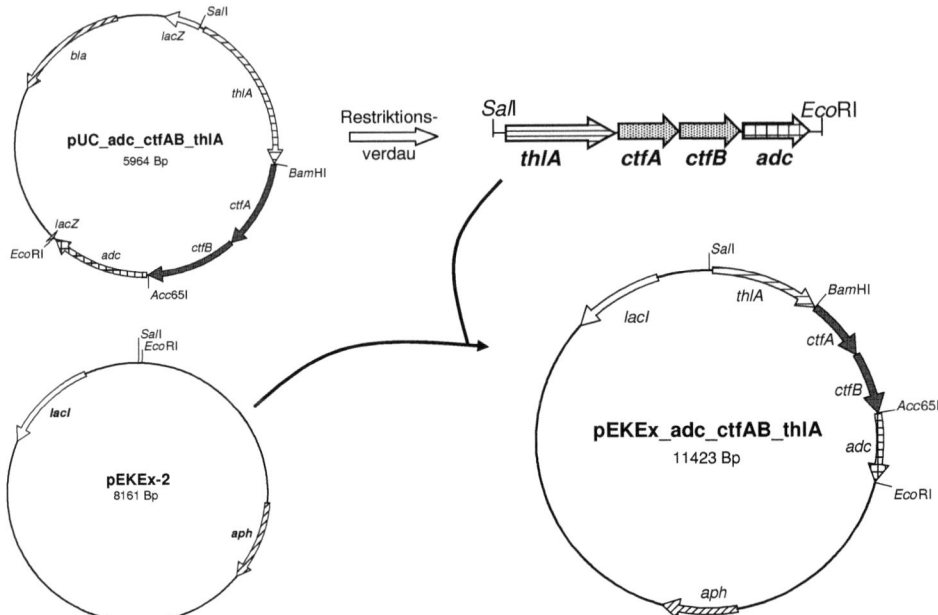

Abb. 9: Klonierungsstrategie für die Subklonierung des Aceton-Synthese-Operons in pEKEx-2

Aus der Klonierung resultierten die Plasmide pEKEx_adc_ctfAB_thlA und pIMP_adc_ctfAB_thlA. Da der Vektor pIMP1 keinen Promoter besitzt (Borden und Papoutsakis, 2007), wurde aus dem Plasmid pIMP_adc_ctfAB_thlA das promoterlose *thlA*-Gen über die Erkennungssequenzen *Sal*I und *Bam*HI geschnitten und durch das mit seinem Promoter versehene *thlA*-Gen ersetzt. Dieses wurde über die Oligonukleotide "thlA_fw$_{Pro}$" und "thlA_rev" in einer Standard-PCR amplifiziert. Das neue Plasmid trägt die Bezeichnung pIMP_adc_ctfAB_thlA$_{Pro}$ ($_{Pro}$ für Promoter, Abb. 10).

3. Experimente und Ergebnisse

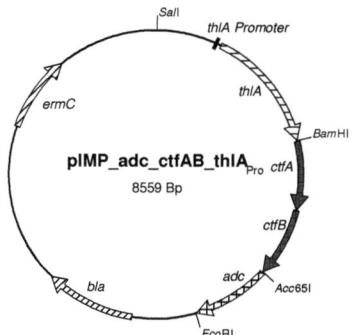

Abb. 10: pIMP_adc_ctfAB_thlA$_{Pro}$ mit *thlA*-Promoter

3.4 Konstruktion alternativer Aceton-Synthese-Operone

Neben dem aus *C. acetobutylicum* bekannten Weg zur Acetonproduktion wurden neue Synthesewege erstellt. Der bisher von der clostridiellen CoA-Transferase CtfAB katalysierte, acetat- bzw. butyratabhängige Schritt von Acetacetyl-CoA zu Acetacetat sollte durch alternative Enzyme erfolgen. Untersucht wurde das Enzym Acetyl-CoA:Acetacetyl-CoA-Transferase aus *E. coli* (AtoDA; Jenkins und Nunn, 1987), das in den Stoffwechsel kurzkettiger Fettsäuren involviert ist. Das Protein YbgC aus *Haemophilus influenzae* ist eine für kurzkettige Moleküle spezifische Acyl-CoA-Thioesterase und nutzt Butyryl-CoA und β-Hydroxybutyryl-CoA als Substrate (Zhuang *et al.*, 2002). Zudem ist in *Bacillus subtilis* eine Thioesterase II (TEII) beschrieben, die mit den nicht-ribosomalen Peptidsynthetasen zur Bildung des Peptid-Antibiotikums Surfactin assoziiert vorliegt (Schwarzer *et al.*, 2002). Dieses Protein besitzt mit den Substraten Acetyl-CoA und Propionyl-CoA hydrolytische Aktivität, sodass es ebenfalls untersucht wurde. Sowohl für YbgC als auch für TEII konnte zwischenzeitlich gezeigt werden, dass diese Proteine auch Acetacetyl-CoA als Substrat nutzen können (Verseck *et al.*, 2007). Tabelle 13 gibt einen Überblick über die eingesetzten Acetacetat-synthetisierenden Enzyme.

3. Experimente und Ergebnisse

Tab. 13: Übersicht der eingesetzten Acetacetat-synthetisierenden Enzyme

Enzym	Organismus	Aminosäuren	Größe	Referenz
CtfA	C. acetobutylicum	218	22,7 kDa	Petersen et al., 1993
CtfB	C. acetobutylicum	221	23,7 kDa	
AtoD	E. coli	220	26,5 kDa	Jenkins und Nunn, 1987
AtoA	E. coli	216	26,0 kDa	
TEII	B. subtilis	240	28,0 kDa	Verseck et al., 2007
YbgC	H. influenzae	137	14,0 kDa	Verseck et al., 2007

Um neue Aceton-Synthese-Wege zu konstruieren, erfolgte der Austausch der Gene *ctfAB* in den bestehenden Vektoren pEKEx_adc_ctfAB_thlA und pIMP_adc_ctfAB_thlA$_{Pro}$. In einer Standard-PCR wurden *atoDA* mit den "Primern" "atoDA_fw" und "atoDA_rev" amplifiziert und die Schnittstellen *Bam*HI und *Acc*65I generiert. Da *teII* und *ybgC* in die bestehenden Vektoren pUC19_adc_teII_thlA und pUC19_adc_ybgC_thlA über die Erkennungssequenzen *Bam*HI und *Acc*65I kloniert wurden, konnten diese Restriktionsenzyme zur Subklonierung genutzt werden und ein direkter Austausch der Gene erfolgen. Abbildung 11 zeigt schematisch den Austausch von *ctfAB* durch *atoDA* in pEKEx_adc_ctfAB_thlA.

3. Experimente und Ergebnisse

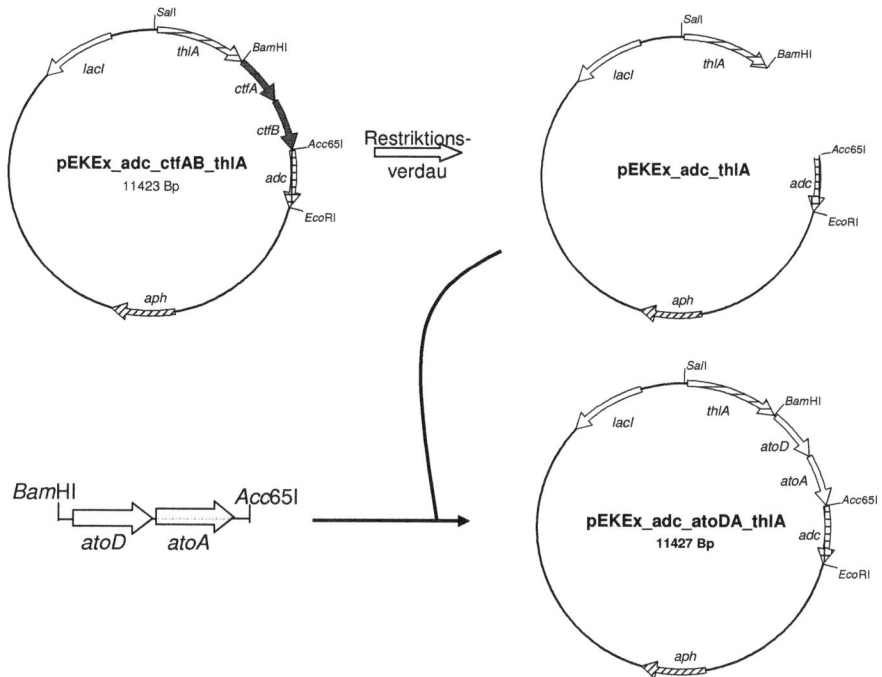

Abb. 11: Schematische Darstellung des Austausches von *ctfAB* gegen *atoDA* in pEKEx-2

Durch die Subklonierung resultierten die in Tabelle 14 zusammengefassten Plasmide. Die Tabelle gibt zudem einen Überblick über das Plasmidrückgrat, die eingesetzte CoA-Transferase bzw. Thioesterase und den Promoter.

3. Experimente und Ergebnisse

Tab. 14: Aceton-Synthese-Plasmide

Plasmidname	Vektor	Promoter	CoA-Transferase / Thioesterase		
pEKEx_adc_ctfAB_thlA	pEKEx-2	tac^1	ctfAB	aus	C. acetobutylicum
pEKEx_adc_atoDA_thlA	pEKEx-2	tac^1	atoDA	aus	E. coli
pEKEx_adc_tell_thlA	pEKEx-2	tac^1	tell	aus	B. subtilis
pEKEx_adc_ybgC_thlA	pEKEx-2	tac^1	ybgC	aus	H. influenzae
pIMP_adc_ctfAB_thlA$_{Pro}$	pIMP1	$thlA^2$	ctfAB	aus	C. acetobutylicum
pIMP_adc_atoDA_thlA$_{Pro}$	pIMP1	$thlA^2$	atoDA	aus	E. coli
pIMP_adc_tell_thlA$_{Pro}$	pIMP1	$thlA^2$	tell	aus	B. subtilis
pIMP_adc_ybgC_thlA$_{Pro}$	pIMP1	$thlA^2$	ybgC	aus	H. influenzae

[1] induzierbar durch IPTG
[2] konstitutiv

3.5 Acetonproduktion in *E. coli* mittels Aceton-Synthese-Operon in pEKEx-2

Aufgrund der von Bermejo *et al.* (1998) beschriebenen *E. coli*-Stämme mit variierender Produktionsrate und den pUC-basierten Ergebnissen, die ähnliche Differenzen zwischen den *E. coli*-Stämmen zeigten, wurden sieben verschiedene *E. coli*-Stämme gewählt, um diese mit Hilfe der konstruierten synthetischen Acetonoperone zur Acetonproduktion zu befähigen. Neben den konstruierten Aceton-Synthese-Plasmiden wurde als Kontrolle der Vektor pEKEx-2 in *E. coli* BL21, DH5α, HB101, JM109, WL3, XL1-Blue und XL2-Blue transformiert. Um diese Stämme auf ihre Fähigkeit zur Acetonsynthese zu untersuchen, erfolgten Wachstumsversuche mit gaschromatographischer Analyse. Ausgehend von einer Kolonie wurden 5 ml TY$_{Km}$-Medium mit 2 % Glucose beimpft und bei 37 °C über Nacht schüttelnd inkubiert. Mit dieser Vorkultur wurden 100 ml TY$_{Km}$-Medium mit 2 % Glucose auf eine OD$_{600}$ von 0,1 eingestellt und bei einer OD$_{600}$ von 0,5 mit 1 mM IPTG induziert. Abbildung 12 zeigt eine Wachstumskurve sowie das über den Zeitraum produzierte Aceton aller *E. coli*-Stämme mit dem Vektor pEKEx_adc_ctfAB_thlA.

3. Experimente und Ergebnisse

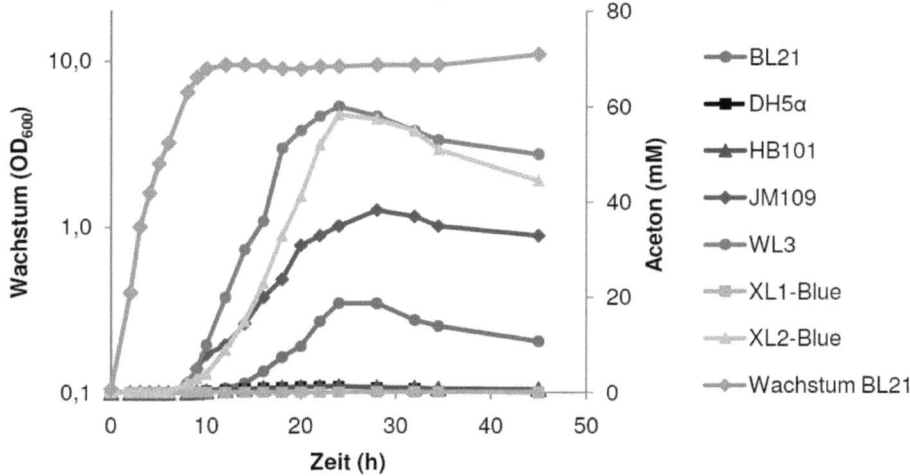

Abb. 12: Wachstumsverlauf und Acetonproduktion mit *E. coli* sp. pEKEx_adc_ctfAB_thlA

In Abbildung 12 ist eine Wachstumskurve exemplarisch für alle Stämme gezeigt, da das Wachstum aller *E. coli*-Stämme nicht signifikant unterschiedlich verlief. Zudem sind die produzierten Acetonmengen der einzelnen Stämme gezeigt. Es ist deutlich zu erkennen, dass die Acetonproduktion mit Eintritt in die stationäre Phase beginnt, ansteigt und nach 28 Stunden sinkt. Die Acetonproduktion variiert stark zwischen den einzelnen Stämmen, sodass zwischen 1,5 und 60 mM Aceton nachgewiesen wurden. Die Wachstumskurven und Acetonproduktion der sieben *E. coli*-Stämme mit den Plasmiden pEKEx_adc_atoDA_thlA, pEKEx_adc_teII_thlA und pEKEx_adc_ybgC_thlA sind im Anhang (7.1, 7.2, 7.3) abgebildet.

Für einen besseren Vergleich sind die maximal detektierten Acetonkonzentrationen der sieben Stämme mit allen pEKEx-basierenden Plasmide in Abbildung 13 dargestellt.

3. Experimente und Ergebnisse

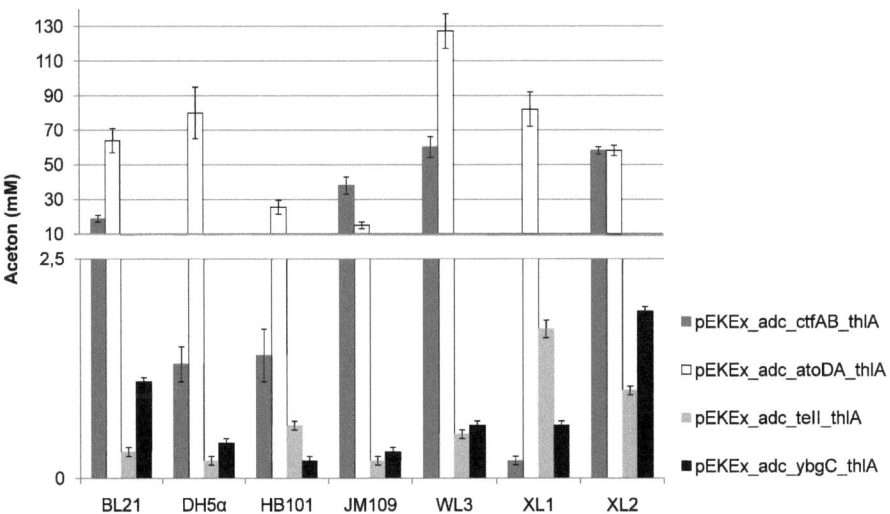

Abb. 13: Maximal detektierte Acetonkonzentrationen in *E. coli* sp. mit Aceton-Synthese-Operonen in pEKEx-2

Mit allen Stämmen, außer *E. coli* JM109, die das Plasmid pEKEx_adc_atoDA_thlA tragen, wurden im Vergleich zu den anderen Plasmiden die höchsten Acetonkonzentrationen nachgewiesen (bis zu 130 mM). Mit pEKEx_adc_ctfAB_thlA wurden bis zu 60 mM Aceton und mit den Plasmiden pEKEx_adc_teII_thlA und pEKEx_adc_ybgC_thlA unter 2 mM Aceton detektiert. In Wachstumsversuchen mit dem Vektor pEKEx-2 konnten in allen Stämmen ca. 0,5 mM Aceton detektiert werden. *E. coli* WL3 scheint für die Plasmide pEKEx_adc_ctfAB_thlA und pEKEx_adc_atoDA_thlA den besten Produktionsstamm darzustellen. Für die Plasmide pEKEx_adc_teII_thlA und pEKEx_adc_ybgC_thlA ist es der *E. coli*-Stamm XL2-Blue.

3.6 Acetonproduktion in *E. coli* mittels Aceton-Synthese-Operon in pIMP1

Die im Vektor pIMP1 konstruierten Aceton-Synthese-Operone wurden ebenfalls in die sieben *E. coli*-Stämme BL21, DH5α, HB101, JM109, WL3, XL1-Blue und XL2-Blue transformiert. Um die Stämme auf ihre Fähigkeit zur Acetonsynthese zu untersuchen, erfolgten Wachstumsversuche in TY$_{Amp}$-Medium mit gaschromatographischer Analyse

3. Experimente und Ergebnisse

analog zu den pEKEx-Konstrukten (3.5). Abbildung 14 zeigt exemplarisch eine Wachstumskurve sowie das über den Verlauf produzierte Aceton aller *E. coli*-Stämme mit pIMP_adc_ctfAB_thlA$_{Pro}$.

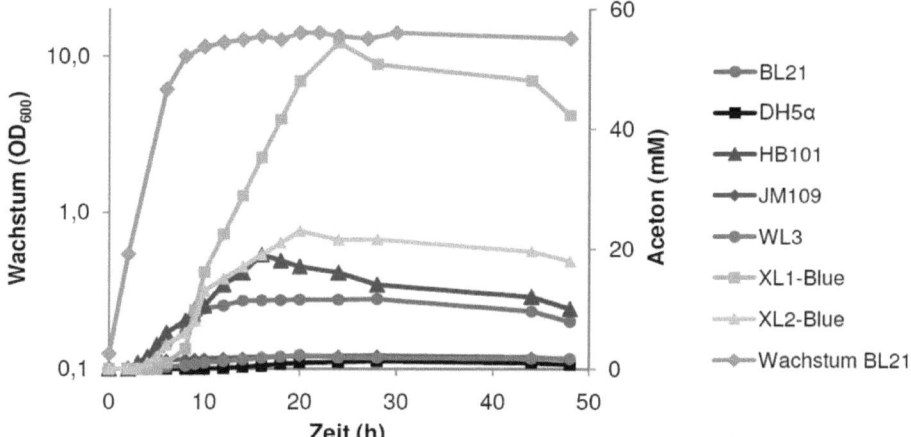

Abb. 14: Wachstumsverlauf und Acetonproduktion mit *E. coli* sp. pIMP_adc_ctfAB_thlA$_{Pro}$

Für jeden *E. coli*-Stamm ist die Acetonproduktion in einer separaten Kurve aufgezeigt. Die Acetonproduktion beginnt mit dem Übertritt in die stationäre Phase und bleibt nach 24 Stunden Inkubationsdauer nahezu konstant. Es ist eine starke Varianz zwischen den Stämmen zu erkennen. Wachstumskurven und produzierte Acetonmengen mit den Plasmiden pIMP_adc_atoDA_thlA$_{Pro}$, pIMP_adc_teII_thlA$_{Pro}$ und pIMP_adc_ybgC_thlA$_{Pro}$ sind im Anhang (7.4, 7.5, 7.6) abgebildet.

Nachfolgend zeigt Abbildung 15 die über die gaschromatographische Analyse maximal detektierten Acetonkonzentrationen der sieben *E. coli*-Stämme mit allen pIMP-basierenden Plasmiden.

3. Experimente und Ergebnisse

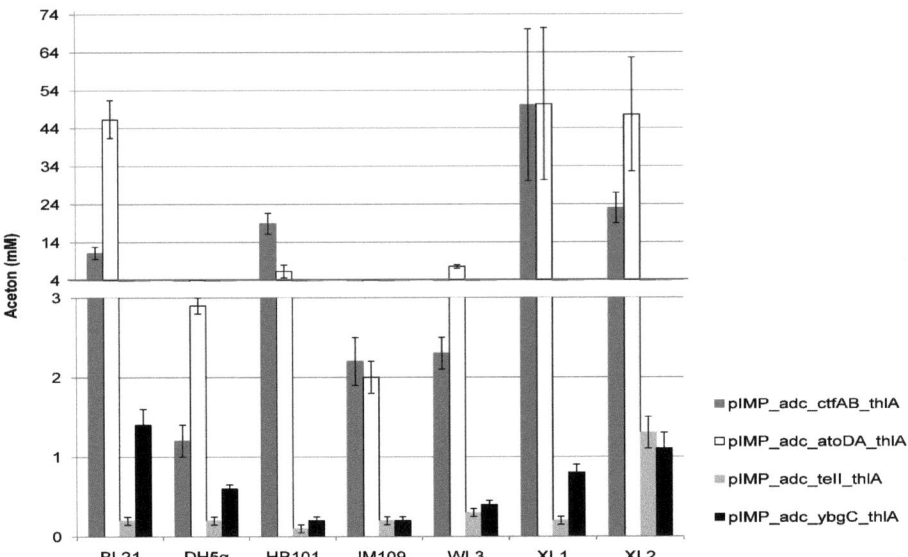

Abb. 15: Maximal detektierte Acetonkonzentrationen in *E. coli* sp. mit Aceton-Synthese-Operonen in pIMP1

Mit Ausnahme der *E. coli*-Stämme JM109 und HB101 wurden mit dem Plasmid pIMP_adc_atoDA_thlA$_{Pro}$ die höchsten Acetonkonzentrationen analysiert (bis zu 50 mM). Mit pIMP_adc_ctfAB_thlA$_{Pro}$ wurden zwischen 1 und 50 mM Aceton produziert und mit pIMP_adc_teII_thlA$_{Pro}$ bzw. pIMP_adc_ybgC_thlA$_{Pro}$ höchstens 1,5 mM. *E. coli* XL1-Blue stellt für die Plasmide pIMP_adc_ctfAB_thlA$_{Pro}$ und pIMP_adc_atoDA_thlA$_{Pro}$ den besten Produktionsstamm dar, während *E. coli* XL2-Blue für die Plasmide pIMP_adc_teII_thlA$_{Pro}$ und pIMP_adc_ybgC_thlA$_{Pro}$ geeignet ist.

3.7 Optimierung der Acetonproduktion in *E. coli*

Um eine Optimierung der Acetonproduktion in *E. coli* zu erzielen, wurden verschiedene Parameter verändert, wobei verschiedene Medien zum Einsatz kamen. Es wurde untersucht, wie sich eine veränderte Inkubationstemperatur und der Zusatz eines Co-Faktors auswirkt. Da *E. coli* mit den Plasmiden, die die eigene CoA-Transferase AtoDA tragen, die höchsten Acetonkonzentrationen aufwies, wurden pEKEx_adc_atoDA_thlA und pIMP_adc_ctfAB_thlA$_{Pro}$ in den *E. coli*-Stämmen BL21, WL3 und XL1-Blue in weiteren Versuche untersucht.

3. Experimente und Ergebnisse

3.7.1 Acetonflüchtigkeit und Aceton als mögliche Energie- und Kohlenstoffquelle

In Abbildung 12 wurde eine deutliche Abnahme der Acetonkonzentration nach Erreichen der maximalen Acetonkonzentration gezeigt. Dies könnte darauf hindeuten, dass *E. coli* in der Lage ist, Aceton als Energie- und Kohlenstoffquelle zu nutzen. Da Aceton leicht flüchtig ist, besteht weiterhin die Möglichkeit, dass Aceton bei der für *E. coli* angewandten Inkubationstemperatur von 37 °C verdampft. Um dies zu untersuchen, wurden 100-ml-TY-Medium unbeimpft im Erlenmeyerkolben mit unterschiedlichen Konzentrationen Aceton (50 mM, 100 mM, 200 mM) bei 30 °C und 37 °C schüttelnd inkubiert. Simultan wurden die sieben *E. coli*-Stämme in Gegenwart von Aceton bei 37 °C inkubiert, um zu untersuchen, ob diese in der Lage sind, Aceton zu verstoffwechseln. Dafür wurden in der frühen exponentiellen Wachstumsphase verschiedene Konzentrationen an Aceton (50 mM, 100 mM und 200 mM) zur Kultur gegeben und die Acetonkonzentration über die Zeit gaschromatographisch verfolgt. Für die Auswertung wurden die zu Beginn eingesetzten Aceton-Konzentrationen auf 100 % gesetzt und die anschließend gemessenen Konzentrationen entsprechend umgerechnet (Abb. 16).

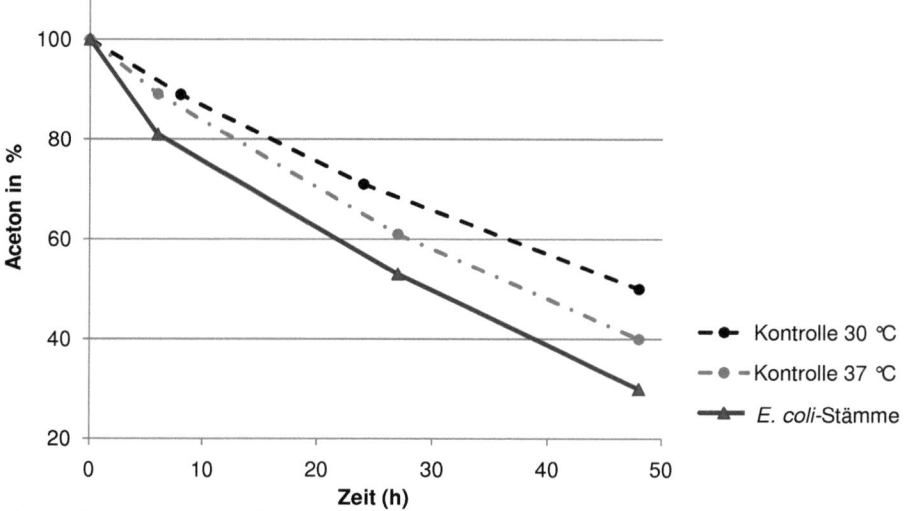

Abb. 16: Acetonkonzentration (%) in mit Aceton versetztem Medium und in *E. coli*-Kulturen mit definierter Acetonausgangskonzentration

Alle *E. coli*-Stämme zeigten das gleiche Verhalten, sodass in nur einer Kurve die Abnahme der Acetonkonzentration über die Zeit dargestellt ist. Nach 48 Stunden Inkubation wurden nur noch 30 % des anfangs zugesetzten Acetons wiedergefunden.

3. Experimente und Ergebnisse

Zudem zeigt Abbildung 16 zwei Kontrollkurven. "Kontrolle 37 °C" stellt die Acetonabnahme im unbeimpften Medium bei 37 °C dar, wobei nach knapp 50 Stunden Inkubation noch 40 % Aceton aufzufinden waren. Bei "Kontrolle 30 °C" konnten im unbeimpften Medium bei einer Inkubation von 30 °C nach der gleichen Zeit noch 50 % des eingesetzten Acetons detektiert werden. Dementsprechend verdampft während der Inkubation das Aceton bei 37 °C schneller als bei 30 °C. Zudem ist eine deutliche Abweichung zwischen den Kontrollen und den mit Aceton versetzten *E. coli*-Kulturen zu erkennen, was darauf hinweist, dass *E. coli* das zugesetzte Aceton verstoffwechselt.

3.7.2 Steigerung der Acetonproduktion durch Einsatz verschiedener Medien

Um höhere Acetonkonzentrationen mit *E. coli* zu erzielen, wurden Wachstumsversuche in verschiedenen Medien durchgeführt. Neben dem üblicherweise eingesetzten TY-Medium wurden die Medien SD8, TM3a und das Produktionsmedium der Evonik Degussa GmbH eingesetzt. Ausschließlich das TY-Medium beinhaltet neben Hefeextrakt (10 g l^{-1}) auch Trypton (16 g l^{-1}). Dem SD8-Medium und dem Evonik-Produktionsmedium wurden 10 g l^{-1} Hefeextrakt eingewogen, dem TM3a-Medium nur 0,5 g l^{-1}. Allen Medien wurden außerdem 2 % Glucose zugesetzt. Als Vorkultur diente 5 ml TY-Medium mit 2 % Glucose. In Abbildung 17 sind am Beispiel von *E. coli* XL1-Blue und den Plasmiden pEKEx_adc_ctfAB_thlA und pIMP_adc_ctfAB_thlA$_{Pro}$ die maximal erreichten Acetonkonzentrationen dargestellt.

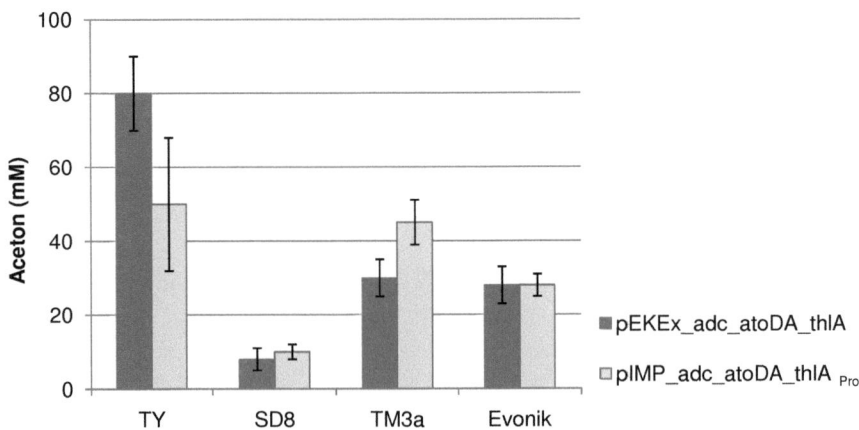

Abb. 17: Acetonkonzentrationen (mM) mit *E. coli* XL1-Blue bei Einsatz verschiedener Medien

3. Experimente und Ergebnisse

Im Vergleich zum TY-Medium wurden mit den anderen Medien geringere Acetonkonzentrationen nachgewiesen. Versuche mit den Stämmen *E. coli* WL3 und BL21 mit jeweils den Plasmiden pEKEx_adc_atoDA_thlA und pIMP_adc_atoDA_thlA$_{Pro}$ lieferten ein identisches Ergebnis. Der direkte Vergleich von *E. coli* XL1-Blue mit den verschiedenen Plasmiden zeigt, dass mit dem Plasmid pIMP_adc_atoDA_thlA$_{Pro}$ mehr Aceton produziert wurde. Eine Ausnahme stellt die Acetonproduktion im TY-Medium dar. Auf Grund der deutlich höheren Acetonkonzentrationen im TY-Medium erfolgten die weiteren Versuche in diesem Medium.

3.7.3 Steigerung der Acetonproduktion durch Änderung der Inkubationstemperatur

Um eine Optimierung der Acetonproduktion in *E. coli* zu erreichen, wurden Wachstumsversuche in 100 ml TY$_{Km/Amp}$-Medium durchgeführt. Anstelle der für *E. coli* üblicherweise eingesetzten Inkubationstemperatur von 37 °C erfolgten die Versuche bei 30 °C. In 3.7.1 konnte gezeigt werden, dass ein Temperaturunterschied von 7 °C eine verminderte Acetonverdampfung zur Folge hatte. Abbildung 18 zeigt die Acetonproduktion der *E. coli*-Stämme BL21, WL3 und XL1-Blue mit dem Plasmid pEKEx_adc_atoDA_thlA bei Inkubationstemperaturen von 30 °C und 37 °C.

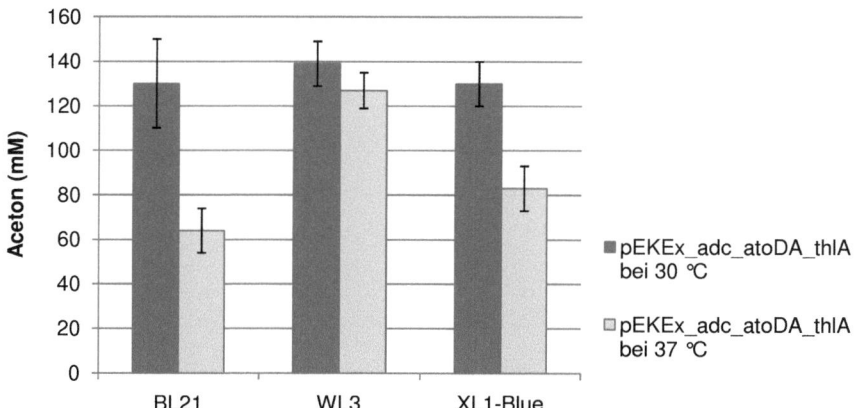

Abb. 18: Maximal detektierte Acetonkonzentrationen bei 30 °C bzw. 37 °C Inkubationstemperatur

3. Experimente und Ergebnisse

Die Erniedrigung der Inkubationstemperatur führte bei allen *E. coli*-Stämmen zur Erhöhung der Acetonproduktion. Stammabhängig wurde bei einer Inkubationstemperatur von 30 °C bis zu 80 % mehr Aceton produziert als bei 37 °C (*E. coli* BL21 pEKEx_adc_atoDA_thlA). Abbildung 19 stellt die maximal detektierte Acetonkonzentration mit den *E. coli*-Stämmen BL21, WL2 und XL1-Blue mit pIMP_adc_atoDA_thlA$_{Pro}$ bei 30 °C bzw. 37 °C dar.

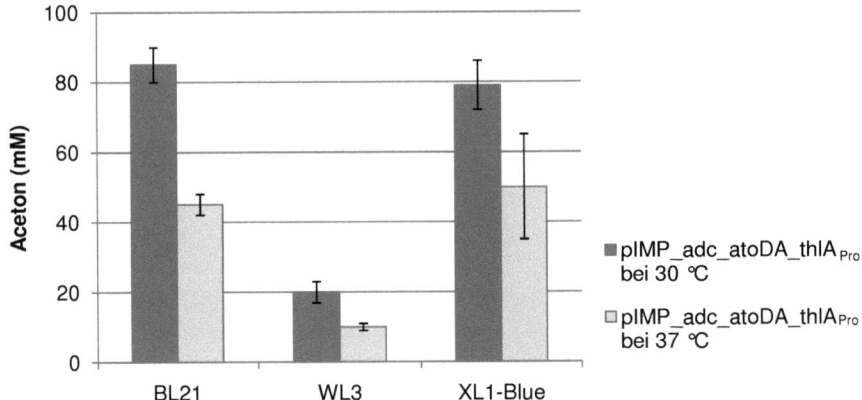

Abb. 19: Maximal detektierte Acetonkonzentrationen bei 30 °C bzw. 37 °C Inkubationstemperatur

Auch die *E. coli*-Stämme mit den pIMP-basierten Plasmiden weisen bei niedrigerer Inkubationstemperatur eine erhöhte Acetonproduktion auf. Entsprechend den *E. coli*-Stämmen mit den pEKEx-Plasmiden wurde für den *E. coli*-Stamm BL21 die höchste Steigerung von rund 80 % erzielt, gefolgt von *E. coli* XL1-Blue.

3.7.4 Steigerung der Acetonproduktion durch Zugabe von Magnesium

Drummond und Stern publizierten 1960, dass Acetacetat-synthetisierende Enzyme Magnesium als Co-Faktor benötigen. Im untersuchten Plasmid pEKEx_adc_atoDA_thlA kodiert *atoDA* für das Enzym, das diese Reaktion katalysiert. Hier wurde die Zugabe von Magnesium auf seine Auswirkung hinsichtlich der Acetonausbeute untersucht, indem Wachstumsversuche bei 37 °C und 30 °C durchgeführt wurden. Im ersten Ansatz wurden zum Zeitpunkt der Induktion des Aceton-Synthese-Operons Magnesiumsulfat bzw. Magnesiumchlorid zur Kultur gegeben. Die durch gaschromatographische Analysen

3. Experimente und Ergebnisse

erhaltenen Daten zeigten generell eine erhöhte Acetonkonzentration mit Magnesiumsulfat. In weiteren Versuchen wurde daraufhin Magnesiumsulfat in verschiedenen Konzentrationen (20 mM, 50 mM, 100 mM) eingesetzt. Dabei erfolgte synchron zur Induktion des Aceton-Synthese-Operons die Zugabe von Magnesiumsulfat. Abbildung 20 und 21 zeigen die maximal detektierten Acetonkonzentrationen mit dem Plasmid pEKEx_adc_atoDA_thlA bei 37 °C bzw. 30 °C.

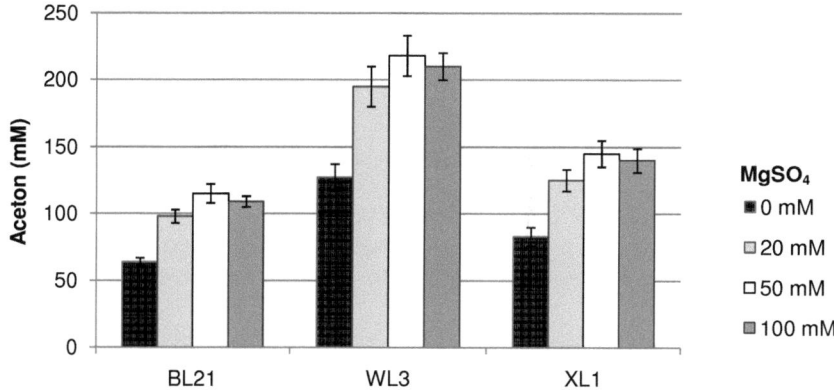

Abb. 20: Acetonkonzentrationen (mM) mit *E. coli* sp. pEKEx_adc_atoDA_thlA bei einer Inkubationstemperatur von 37 °C und Zugabe von Magnesiumsulfat

Die Zugabe von Magnesiumsulfat führte bei allen *E. coli*-Stämmen zu einer gesteigerten Acetonproduktion. Dies konnte bis zu einer Magnesiumsulfat-Konzentration von 100 mM beobachtet werden. Beim Einsatz von 100 mM Magnesiumsulfat trat im Vergleich zu den eingesetzten 50 mM Magnesiumsulfat ein hemmender Effekt auf. Bei einer Inkubationstemperatur von 30 °C (Abb. 21) zeigt sich durch die Zugabe von 20 mM Magnesiumsulfat bei allen *E. coli*-Stämmen eine gesteigerte Acetonproduktion. Höhere Konzentrationen an Magnesiumsulfat beeinträchtigen dagegen die Acetonproduktion. In *E. coli* BL21 pEKEx_adc_atoDA_thlA ist die Acetonproduktion bei einem Zusatz von 50 mM und 100 mM Magnesiumsulfat geringer als ohne Zusatz des Co-Faktors.

3. Experimente und Ergebnisse

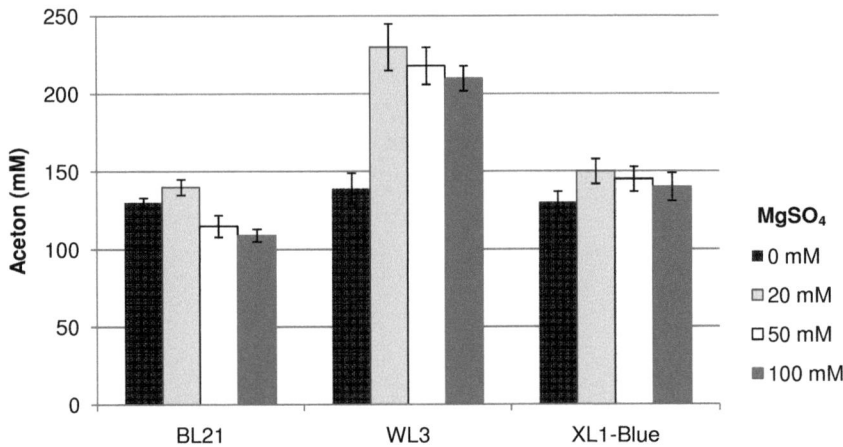

Abb. 21: Acetonkonzentrationen (mM) mit *E. coli* sp. pEKEx_adc_atoDA_thlA bei einer Inkubationstemperatur von 30 °C und Zugabe von Magnesiumsulfat

3.8 Acetonproduktion in *C. glutamicum* ATCC 13032

Die in *E. coli* konstruierten Aceton-Synthese-Plasmide pEKEx_adc_ctfAB_thlA, pEKEx_adc_atoDA_thlA, pEKEx_adc_teII_thlA und pEKEx_adc_ybgC_thlA sowie das Kontrollplasmid pEKEx-2 wurden mittels Elektrotransformation in *C. glutamicum* eingebracht. Um diese Stämme auf ihre Fähigkeit zur Acetonsynthese hin zu untersuchen, erfolgten Wachstumsversuche in 100-ml-TY$_{Km}$-Medium mit 2 % Glucose. 5 ml TY$_{Km}$-Medium mit 2 % Glucose wurden mit einer Kolonie beimpft und für 6 Stunden bei 30 °C auf einem Schüttler belassen. Diese 5 ml wurden anschließend in 50 ml TY$_{Km}$-Medium mit 2 % Glucose überführt und über Nacht schüttelnd bei 30 °C inkubiert. Ausgehend von dieser Vorkultur wurden 100 ml TY$_{Km}$-Medium mit 2 % Glucose auf eine OD$_{600}$ von ca. 1 beimpft und bei 30 °C schüttelnd inkubiert. Bei einer OD$_{600}$ von 2 erfolgte zur Induktion des Aceton-Synthese-Operons die Zugabe von 1 mM IPTG. Über den Wachstumszeitraum wurden Proben für gaschromatographische Analysen gezogen, aufgearbeitet und das produzierte Aceton bestimmt. Die während des Wachstums maximal erreichten Acetonkonzentrationen sind in Tabelle 15 dargestellt.

3. Experimente und Ergebnisse

Tab. 15: Acetonkonzentrationen (mM) von *C. glutamicum* ATCC 13032 pEKEx-2, pEKEx_adc_ctfAB_thlA, pEKEx_adc_atoDA_thlA, pEKEx_adc_tell_thlA und pEKEx_adc_ybgC_thlA

Vektor / Plasmid	Aceton (mM)
pEKEx-2	0,2 ± 0,05
pEKEx_adc_ctfAB_thlA	0,3 ± 0,10
pEKEx_adc_atoDA_thlA	0,5 ± 0,15
pEKEx_adc_tell_thlA	0,2 ± 0,10
pEKEx_adc_ybgC_thlA	0,3 ± 0,11

C. glutamicum ATCC 13032, der die verschiedenen synthetischen Aceton-Synthese-Operone beherbergt, produzierte zwischen 0,2 und 0,5 mM Aceton. Mit dem Kontrollplasmid pEKEx-2 wurden ebenfalls ca. 0,2 mM Aceton detektiert. *C. glutamicum* ist durch die eingebrachten Aceton-Synthese-Operone nicht in der Lage, Aceton zu produzieren.

3.9 Transkriptnachweis der synthetischen Aceton-Synthese-Operone

Auf Grund der geringen Acetonkonzentrationen wurde die Transkription der auf den Plasmiden liegenden Gene in einem "Blot" nachgewiesen. Mit *C. glutamicum* pEKEx_adc_ctfAB_thlA und *C. glutamicum* pEKEx_adc_atoDA_thlA wurden Wachstumsversuche durchgeführt, die Zellen bei einer optischen Dichte von 5 geerntet und die RNA isoliert. Zum Nachweis der Transkripte kam ein "Dot-Blot" zum Einsatz. Die RNA wurde dazu direkt auf eine Nylonmembran aufgebracht und mit radioaktiv markierten DNA-Sonden hybridisiert. Als Sonden wurden Fragmente eingesetzt, die spezifisch an die RNA von *adc*, *ctfAB*, *atoDA* bzw. *thlA* binden. Als Positivkontrolle wurden die RNA des 16SrRNA-Gens und des "house-keeping" Gens *gap* (Eikmanns, 1992; Pátek *et al.*, 2003) nachgewiesen. Die Detektion erfolgte auf einem Röntgenfilm und zeigte für alle Transkripte deutliche Signale. Die Gene der Aceton-Synthese-Operone wurden transkribiert.

3. Experimente und Ergebnisse

3.10 Acetontoleranz von *C. glutamicum* ATCC 13032

Um auszuschließen, dass das gebildete Aceton toxisch auf *C. glutamicum* ATCC 13032 wirkt, wurde die Acetontoleranz untersucht. Zu exponentiell wachsenden *C. glutamicum*-Kulturen wurden verschiedene Konzentrationen an Aceton (10 mM, 50 mM, 100 mM) gegeben und das Wachstumsverhalten verglichen (Abb. 22).

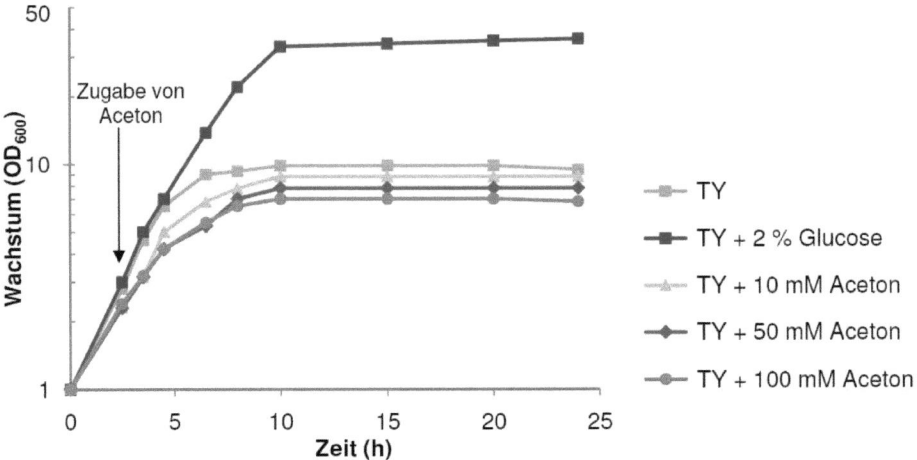

Abb. 22: Wachstum von *C. glutamicum* in 100-ml-TY-Medium mit verschiedenen Acetonkonzentrationen

Während *C. glutamicum* in TY-Medium mit 2 % Glucose eine optische Dichte von fast 40 erreichte, wurde ohne Kohlenstoff-Quelle eine optische Dichte von 10 erzielt. Die Zugabe von 10 mM Aceton führte bereits zu einer Hemmung des Wachstums, die sich mit steigender Acetonkonzentration verstärkte. Allerdings kam es bei den eingesetzten Acetonkonzentrationen nicht zu einem völligen Erliegen des Wachstums.

3.11 Konstruktion einer *C. glutamicum*-Deletionsmutante

Da es im *C. glutamicum*-Stamm ATCC 13032 nicht möglich war, mit den eingebrachten Plasmiden eine Acetonproduktion zu induzieren, wurde eine Citratsynthase-Deletionsmutante von *C. glutamicum* erstellt. Die Citratsynthase (GltA) katalysiert den initialen Schritt des Tricarbonsäurezyklus' (Abb. 23) von Acetyl-CoA zu Citrat. Durch die Deletion des *gltA*-Gens sollte der interne Acetyl-CoA-Spiegel erhöht werden, um den Fluss in Richtung Acetonsynthese zu lenken.

3. Experimente und Ergebnisse

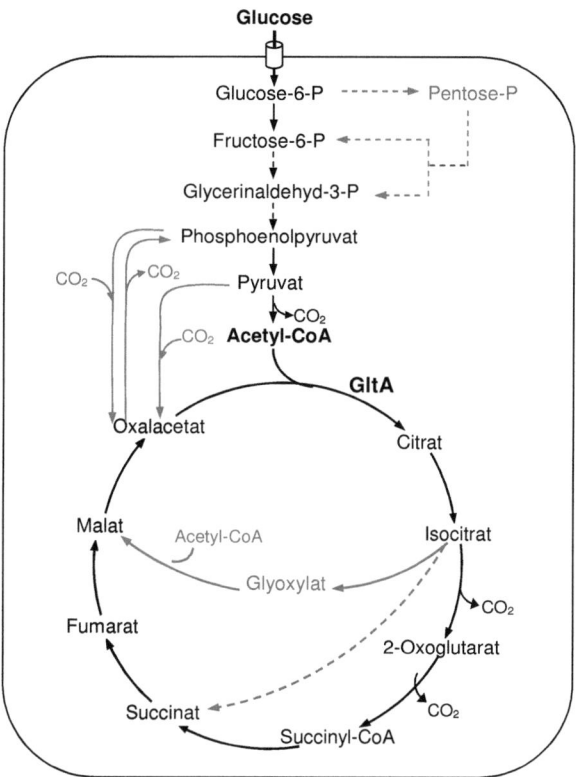

Abb. 23: Schematische Darstellung des Zentralstoffwechsels von *C. glutamicum* ATCC 13032

Das zur Herstellung der Deletion genutzte Plasmid pK18mobsacBΔ*gltA* trägt das um knapp 1300 Bp verkürzte *gltA*-Gen. Dieses Plasmid ist nicht in der Lage, in *C. glutamicum* zu replizieren. Nach Transformation findet deshalb eine doppelt homologe Rekombination statt, wonach entweder wieder der Wildtyp entsteht oder die gewünschte Deletionsmutante. Abbildung 24 zeigt die schematische Darstellung der hervorgerufenen Deletion.

3. Experimente und Ergebnisse

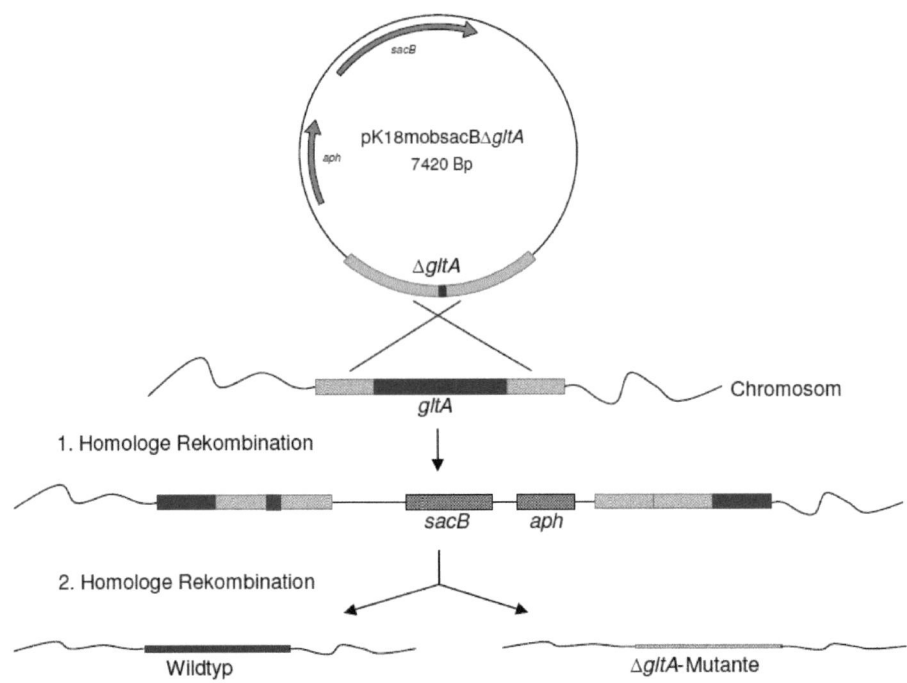

Abb. 24: Schematische Darstellung der *gltA*-Deletion in *C. glutamicum* ATCC 13032

Mit den Klonen, die in der Lage waren, in Gegenwart von Saccharose zu wachsen, und kanamycsensitiv waren, wurde eine Kolonie-PCR durchgeführt. Die "Primer" wurden so gewählt, dass diese außerhalb des deletierten Genbereichs lagen ("delta-gltA_fw" und "delta-gltA_rev"). Folglich unterschieden sich die amplifizierten Fragmente zwischen Wildtyp und Deletionsmutante um ca. 1300 Bp (Abb. 25).

3. Experimente und Ergebnisse

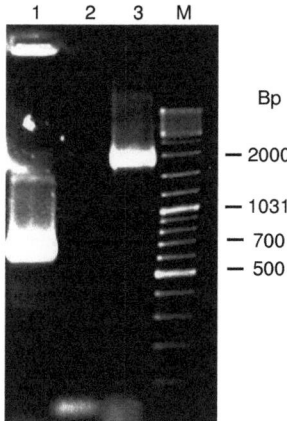

Abb. 25: Kolonie-PCR (2 %iges Agarosegel)
Spur 1: potentielle Mutante; 2: Negativkontrolle; 3: Positivkontrolle; M: "Gene Ruler™ DNA Ladder Mix"

In der PCR wurde neben den potentiellen Mutanten eine Positivkontrolle mit der DNA des *C. glutamicum*-Wildtyps (Spur 3) durchgeführt und eine Negativkontrolle mit Wasser (Spur 2). In Abbildung 25 ist in Spur 3 ein 2000 Bp großes Fragment zu erkennen, das dem Wildtyp entspricht, und in Spur 1 ein 700 Bp großes Fragment, das darauf hindeutet, dass die Deletion erfolgreich war. Die Mutation wurde zudem durch eine Sequenzierung des deletierten Genbereichs bestätigt.

3.12 Charakterisierung der Mutante *C. glutamicum* ΔgltA

3.12.1 Citratsynthase-Aktivität

Um die Deletion der Citratsynthase zu untersuchen, wurde die Citratsynthase-Aktivität bestimmt. Dazu erfolgten Wachstumsversuche mit *C. glutamicum* ΔgltA und dem *C. glutamicum*-Wildtyp. Die Zellen wurden in der exponentiellen Phase geerntet, und nach Zellaufschluss wurde die Citratsynthase-Aktivität gemessen. Die berechnete spezifische Aktivität ist in Tabelle 16 gezeigt.

3. Experimente und Ergebnisse

Tab. 16: Spezifische Citratsynthase-Aktivität [U mg^{-1}] von *C. glutamicum* ATCC 13032 und *C. glutamicum* ΔgltA

Stamm	Spezifische Citratsynthase-Aktivität [U mg^{-1}]
C. glutamicum ATCC 13032	0,72 ± 0,15
C. glutamicum ΔgltA	0,0051 ± 0,0005

Während für den Wildtyp eine spezifische Citratsynthase-Aktivität von 0,72 U mg^{-1} errechnet wurde, zeigt die Citratsynthase-Mutante eine spezifische Citratsynthase-Aktivität von 0,005 U mg^{-1}. Die geringe Citratsynthase-Aktivität der *gltA*-Mutante zeigt, dass die Deletion erfolgreich war.

3.12.2 Wachstumsanalysen

Zur Charakterisierung der *C. glutamicum gltA*-Deletionsmutante wurden vergleichende Wachstumsanalysen in 100 ml TY-Medium mit 2 % Glucose durchgeführt. Das Wachstumsverhalten von *C. glutamicum* ATCC 13032 und der Citratsynthase-Mutante wurde verfolgt und ist in Abbildung 26 über einen Zeitraum von 50 Stunden gezeigt.

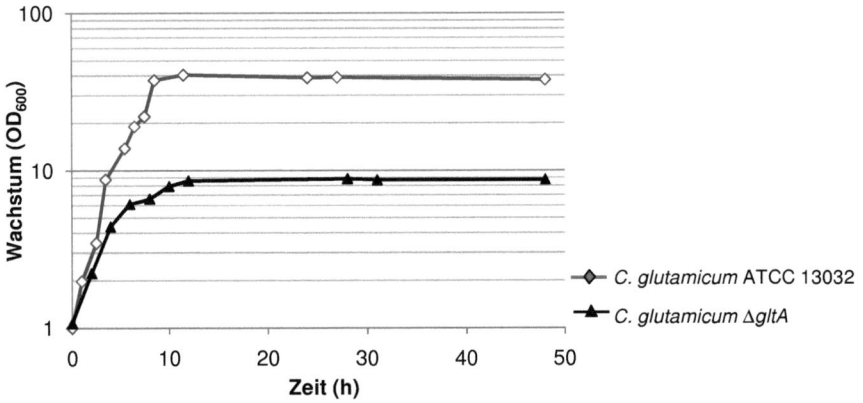

Abb. 26: Wachstum von *C. glutamicum* ATCC 13032 und *C. glutamicum* ΔgltA

3. Experimente und Ergebnisse

Die Wachstumsanalysen verdeutlichen, dass die *C. glutamicum gltA*-Deletionsmutante im Vergleich zum Wildtyp eine geringere optische Dichte erreichte. Dieses Phänomen wird bereits nach 6 Stunden deutlich, da zu diesem Zeitpunkt die Deletionsmutante die Wachstumsrate verringerte, während der Wildtyp weiter exponentiell wuchs. Beim Übergang in die stationäre Phase erreichte der Wildtyp eine optische Dichte von 40, während die *gltA*-Deletionsmutante bei 9 lag. Zudem wurden Wachstumsversuche im Minimalmedium CGC durchgeführt. Im Vergleich zum *C. glutamicum*-Wildtyp zeigte die *C. glutamicum* Δ*gltA-Mutante* ein deutliches Wachstumsdefizit. Auch durch Supplementierung von Citrat konnte kein Wachstum beobachtet werden.

3.12.3 Aceton als mögliche Energie- und Kohlenstoffquelle

Es konnte bereits gezeigt werden, dass Aceton sowohl bei 37 °C als auch bei 30 °C verdampft (3.7.1). Im Folgenden wurde untersucht, ob *C. glutamicum* ATCC 13032 und *C. glutamicum* Δ*gltA* in der Lage sind, Aceton als Energie- und Kohlenstoffquelle zu nutzen. Um dies zu untersuchen, wurden 100 ml TY-Medium, unbeimpft, im Erlenmeyerkolben mit unterschiedlichen Konzentrationen Aceton (50 mM, 100 mM, 200 mM) bei 30 °C schüttelnd inkubiert. Parallel wurden *C. glutamicum* ATCC 13032 und *C. glutamicum* Δ*gltA* in Gegenwart von Aceton bei 30 °C inkubiert. Dafür wurden in der frühen exponentiellen Wachstumsphase verschiedene Konzentrationen an Aceton (50 mM, 100 mM und 200 mM) zur Kultur gegeben. Für die Auswertung wurden die zu Beginn zugesetzten Acetonkonzentrationen auf 100 % gesetzt und die nachfolgend detektierten Acetonkonzentrationen entsprechend umgerechnet (Abb. 27).

3. Experimente und Ergebnisse

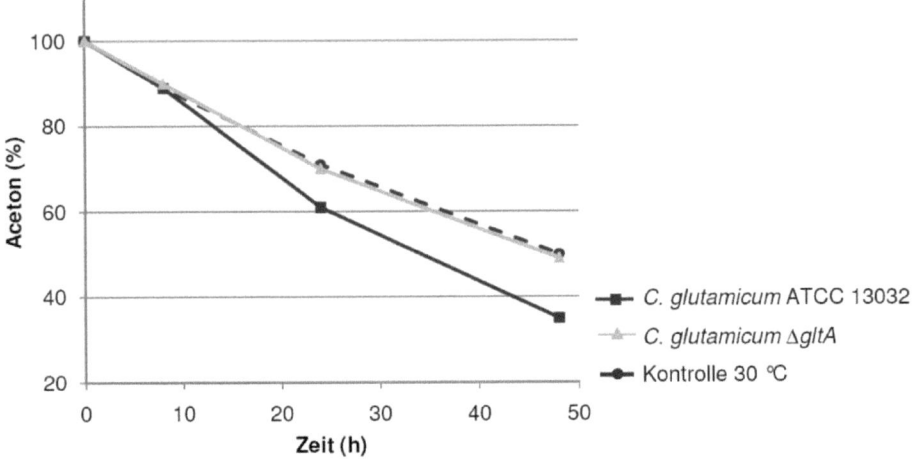

Abb. 27: Acetonkonzentration (%) in mit Aceton versetztem Medium und in *C. glutamicum*-Kulturen mit definierter Acetonausgangskonzentration

In der Kontrolle, die die Acetonverdampfung im unbeimpften Medium bei 30 °C zeigt, wurde nach knapp 50 Stunden Inkubation noch die Hälfte des eingesetzten Acetons wiedergefunden. In der *C. glutamicum*-WT-Kultur wurde nach der gleichen Zeit ca. 30 % Aceton und mit der *gltA*-Mutante 50 % Aceton nachgewiesen. Im Vergleich zu der Kontrolle zeigte die *C. glutamicum*-WT-Kultur eine deutliche Differenz, nicht aber die *C. glutamicum gltA*-Mutante. *C. glutamicum* ATCC 13032 scheint das zugegebene Aceton zu verstoffwechseln, die Mutante hingegen nicht.

3.13 Acetonproduktion in *C. glutamicum* Δ*gltA*

Um die Acetonproduktion in *C. glutamicum* Δ*gltA* zu induzieren, wurden die Plasmide pEKEx_adc_ctfAB_thlA, pEKEx_adc_atoDA_thlA, pEKEx_adc_teII_thlA und pEKEx_adc_ybgC_thlA sowie das Kontrollplasmid pEKEx-2 mittels Elektrotransformation eingebracht. Anschließend erfolgten Wachstumsversuche in 100 ml TY_{Km25}-Medium mit gaschromatographischer Acetonanalyse. Abbildung 28 zeigt die dazugehörigen Daten.

3. Experimente und Ergebnisse

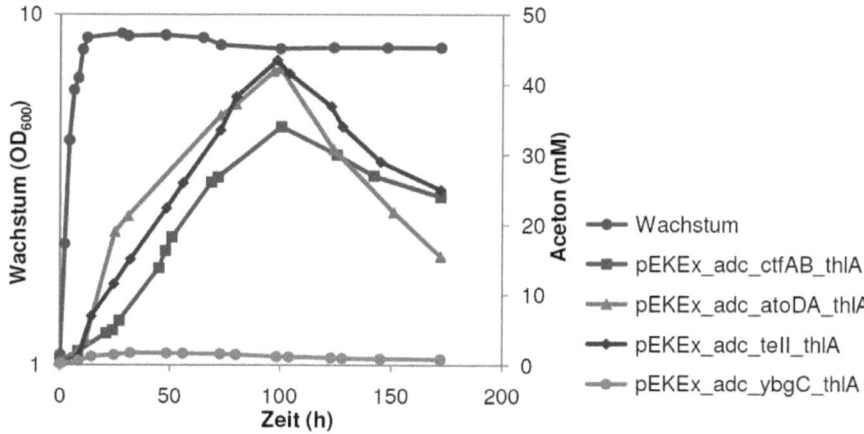

Abb. 28: Wachstum und Acetonproduktion von *C. glutamicum* ΔgltA pEKEx_adc_ctfAB_thlA, pEKEx_adc_atoDA_thlA, pEKEx_adc_tell_thlA und pEKEx_adc_ybgC_thlA

Das Wachstum aller *C. glutamicum* ΔgltA-Stämme zeigte das gleiche Verhalten. Alle Stämme erreichten nach 16 Stunden eine optische Dichte von ca. 9. Mit dem Eintreten in die stationäre Phase begann die Acetonproduktion, stieg bis zu einer Inkubationszeit von 100 Stunden an und sank anschließend stark ab. Die maximal erreichten Acetonkonzentrationen sind in Tabelle 17 dargestellt.

Tab. 17: Maximal detektierte Acetonkonzentrationen (mM) mit *C. glutamicum* ΔgltA

Plasmid	CoA-Transferase / Thioesterase	Aceton (mM)
pEKEx-2	--	0,5 ± 0,25
pEKEx_adc_ctfAB_thlA	*C. acetobutylicum*	32 ± 4
pEKEx_adc_atoDA_thlA	*E. coli*	40 ± 2
pEKEx_adc_tell_thlA	*B. subtilis*	45 ± 5
pEKEx_adc_ybgC_thlA	*H. influenzae*	1,5 ± 0,25

Im Gegensatz zu *C. glutamicum* ATCC 13032 war *C. glutamicum* ΔgltA in der Lage, mit den konstruierten Aceton-Synthese-Operonen Aceton zu produzieren. *C. glutamicum* ΔgltA produzierte mit dem Plasmid mit ausschließlich clostridiellen Genen

3. Experimente und Ergebnisse

(pEKEx_adc_ctfAB_thlA) rund 32 mM Aceton, mit dem Plasmid, mit der *E. coli* CoA-Transferase (pEKEx_adc_atoDA_thlA) 40 mM und mit dem Plasmid pEKEx_adc_tell_thlA 45 mM Aceton (Thioesterase aus *B. subtilis*). Dagegen produzierte *C. glutamicum* ΔgltA mit dem Plasmid, das die Thioesterase aus *H. influenzae* trägt (pEKEx_adc_ybgC_thlA), lediglich 1,5 mM Aceton und mit dem Kontrollvektor pEKEx-2 ca. 0,5 mM Aceton.

3.14 Optimierung der Acetonproduktion in *C. glutamicum* Δ*gltA*

3.14.1 Steigerung der Acetonproduktion durch Einsatz verschiedener Medien

Um höhere Acetonkonzentrationen mit *C. glutamicum* Δ*gltA* zu erreichen, wurden Wachstumsversuche in verschiedenen Medien durchgeführt. Neben dem bisher eingesetzten TY-Medium wurden die Medien SD8, BHIS und das Produktionsmedium der Evonik Degussa GmbH eingesetzt. Nur das TY-Medium beinhaltete neben Hefeextrakt (10 g l^{-1}) auch Trypton (16 g l^{-1}). Im SD8-Medium und dem Evonik-Produktionsmedium wurden 10 g l^{-1} Hefeextrakt eingewogen, während das BHI-Medium ein komplexes Fertigmedium ist. Allen Medien wurde 2 % Glucose zugesetzt. Als Vorkultur diente 5 ml TY-Medium mit 2 % Glucose. In Abbildung 29 sind die maximal erreichten Acetonkonzentrationen dargestellt.

3. Experimente und Ergebnisse

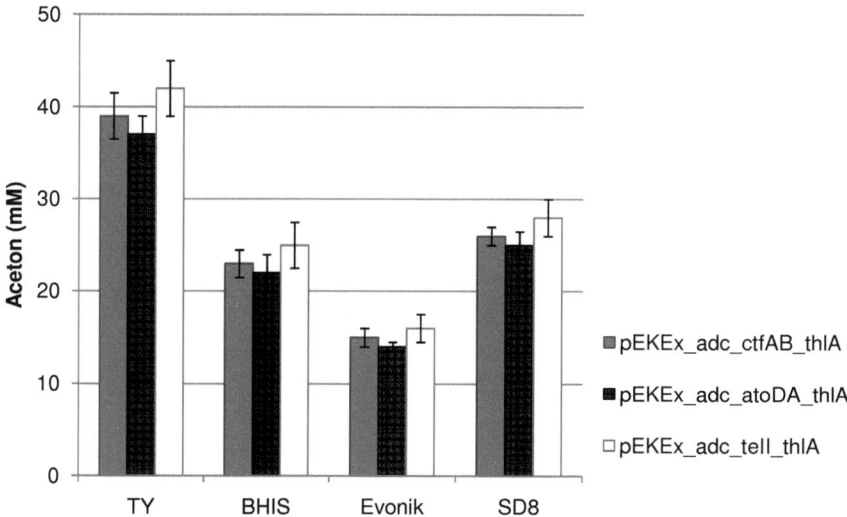

Abb. 29: Acetonproduktion von *C. glutamicum* ΔgltA pEKEx_adc_ctfAB_thlA, pEKEx_adc_atoDA_thlA und pEKEx_adc_tell_thlA in Abhängigkeit vom eingesetzten Medium

In allen Medien wurden mit dem Plasmid pEKEx_adc_tell_thlA die höchsten Acetonkonzentrationen erreicht. In dem reichhaltigen TY-Medium wurden die höchsten Acetonkonzentrationen nachgewiesen, gefolgt vom SD8-, dem BHI- und dem Evonik Produktionsmedium. Auf Grund dieser Ergebnisse wurde für die folgenden Versuche das TY-Medium verwendet.

3.14.2 Steigerung der Acetonproduktion durch Änderung von Wachstumsparametern

3.14.2.1 Konstante pH-Bedingungen

Durch die eingebrachten Aceton-Synthese-Operone in *C. glutamicum* ΔgltA kommt es zu einem veränderten Produktspektrum, das sich auf den pH-Wert der Kulturen auswirken könnte. Dies wurde in Wachstumsversuchen untersucht und der pH-Wert der Kulturen während des Wachstums bestimmt (Abb. 30).

3. Experimente und Ergebnisse

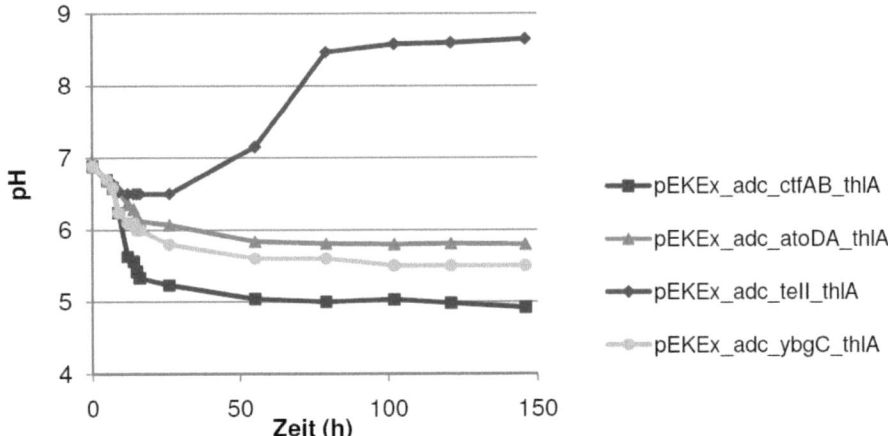

Abb. 30: pH-Werte der Kulturen *C. glutamicum* ΔgltA pEKEx_adc_ctfAB_thlA, pEKEx_adc_atoDA_thlA, pEKEx_adc_tell_thlA und pEKEx_adc_ybgC_thlA während des Wachstums

Die Kulturen zeigten einen sehr unterschiedlichen Verlauf der pH-Werte. So sank der pH-Wert bei den Kulturen mit *C. glutamicum* ΔgltA pEKEx_adc_atoDA_thlA, pEKEx_adc_ybgC_thlA und pEKEx_adc_ctfAB_thlA von 7 auf 5,8 bis 4,8. Im Unterschied dazu verhielt sich *C. glutamicum* ΔgltA pEKEx_adc_tell_thlA mit einem pH-Wert-Abstieg auf 8,7 gegensätzlich.

Nachfolgend wurden Wachstumsversuche durchgeführt, bei denen der pH-Wert durch die Zugabe von NaOH bzw. HCl weitgehend konstant gehalten wurde. Während des Versuches wurden Proben genommen, um die Auswirkung auf die Acetonproduktion zu untersuchen. Dies ist am Beispiel von *C. glutamicum* ΔgltA pEKEx_adc_ctfAB_thlA dargestellt (Abb. 31).

3. Experimente und Ergebnisse

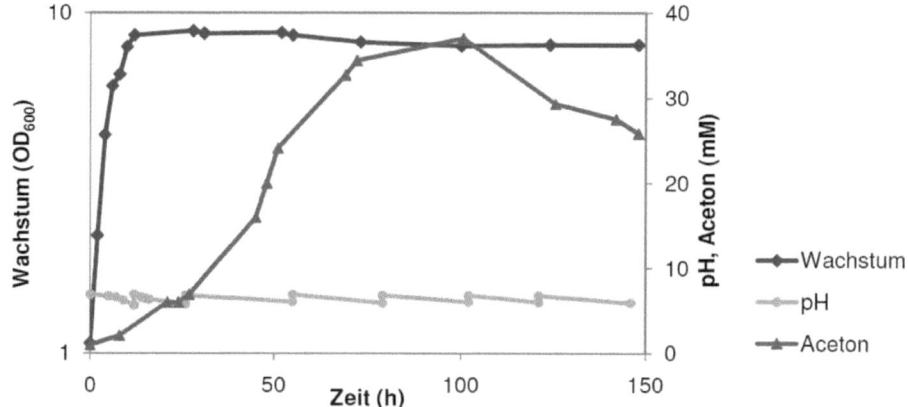

Abb. 31: Acetonproduktion bei konstantem pH-Wert von *C. glutamicum* ΔgltA pEKEx_adc_ctfAB_thlA

Durch das Konstanthalten des pH-Wertes stieg die maximal gemessene Acetonkonzentration von *C. glutamicum* ΔgltA pEKEx_adc_ctAB_thlA von ca. 32 mM auf 37 mM an. Wachstumsversuche mit den Plasmiden pEKEx_adc_atoDA_thlA, pEKEx_adc_teII_thlA und pEKEx_adc_ybgC_thlA brachten ebenfalls eine geringe Steigerung in der Acetonproduktion (Tab. 18).

Tab. 18: Maximal detektierte Acetonkonzentrationen (mM) mit *C. glutamicum* ΔgltA

Plasmid	pH variiert	pH konstant
pEKEx_adc_ctfAB_thlA	32 ± 4	37 ± 3
pEKEx_adc_atoDA_thlA	40 ± 2	42 ± 1,5
pEKEx_adc_teII_thlA	45 ± 5	48 ± 3
pEKEx_adc_ybgC_thlA	1,5 ± 0,25	1,5 ± 0,3

Die erhaltenen Acetonkonzentrationen zeigen eine rund 5 %ige Steigerung der Acetonproduktion durch das Konstanthalten des pH-Wertes.

3.14.2.2 Steigerung der Glucosekonzentration

Eine eindeutige Steigerung der Acetonproduktion sollte durch eine erhöhte Glucosekonzentration im Medium erzielt werden. Es wurden Wachstumsversuche in 100 ml TY_{Km25}-Medium mit 100 mM Glucose durchgeführt. Die Glucosekonzentration wurde stetig analysiert und bei Erreichen von Konzentrationen unter 10 mM erneut eine Glucoseendkonzentration von 100 mM eingestellt. Es erfolgte der Vergleich von *C. glutamicum* Δ*gltA*-Kulturen, die eine einmalige Glucosezufuhr zu Beginn des Wachstums erhielten (100 mM Glucose), und Kulturen, bei denen während des Wachstums mehrmals eine zusätzliche Einstellung der Glucoseendkonzentration auf 100 mM erfolgte (200 - 400 mM Glucose). Die gaschromatographische Acetonanalyse ist in Tabelle 19 zusammengefasst.

Tab. 19: Maximal detektierte Acetonkonzentrationen (mM) mit *C. glutamicum* Δ*gltA* bei unterschiedlichen Glucosekonzentrationen

Plasmid	100 mM Glucose	200 mM Glucose	300 mM Glucose	400 mM Glucose
pEKEx_adc_ctfAB_thlA	32 ± 4	45 ± 5	44 ± 5	45 ± 4
pEKEx_adc_atoDA_thlA	40 ± 2	43 ± 2	44 ± 1	43 ± 3
pEKEx_adc_teII_thlA	45 ± 5	50 ± 3	48 ± 4	49 ± 3
pEKEx_adc_ybgC_thlA	1,5 ± 0,25	2 ± 0,25	2 ± 0,25	2 ± 0,25

Es zeigt sich, dass durch die zusätzliche Gabe von Glucose die Acetonproduktion erhöht werden konnte. Deutlich zu erkennen ist auch, dass eine erhöhte Acetonkonzentration bei einer zusätzlichen Glucosezufuhr (200 mM Glucose) erzielt wurde. Allerdings ließ sich dies nicht ändern durch mehrmalige Glucosegaben (300 mM bzw. 400 mM Glucose). Nachfolgend ist in Abbildung 32 die über die Zeit detektierte Acetonproduktion bei Zusatz von 100 mM bzw. 200 mM Glucose gezeigt.

3. Experimente und Ergebnisse

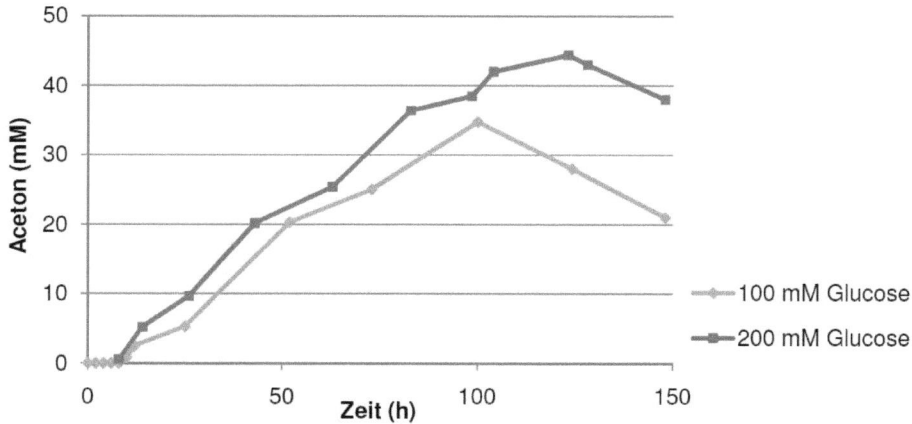

Abb. 32: Acetonproduktion mit *C. glutamicum* ΔgltA pEKEx_adc_ctfAB_thlA

Durch die zusätzliche Gabe von Glucose wurde mehr Aceton produziert. Zudem ist die maximal erreichte Acetonkonzentration zeitlich verzögert und nimmt nach 100 Stunden resp. 130 Stunden wieder ab.

3.14.3 Steigerung der Acetonproduktion durch Zugabe von Magnesiumsulfat

Wie unter 3.7.4 beschrieben, kann eine Steigerung der Acetonproduktion durch Zugabe von Magnesiumsulfat erzielt werden, da dieses als Co-Faktor von Acetacetat-synthetisierenden Enzymen fungiert. In den konstruierten Aceton-Synthese-Operonen kodieren die Gene *ctfAB*, *atoDA*, *tell* bzw. *ybgC* für die Enzyme, die diese Reaktion katalysieren. In welchem Umfang das auch in *C. glutamicum* ΔgltA Auswirkungen hat, wurde in Wachstumsversuchen gezeigt. Zu Beginn des Wachstumsversuchs wurde eine OD_{600} von 1 eingestellt, bei einer OD_{600} von 2 erfolgte die Induktion des Aceton-Synthese-Operons durch 1 mM IPTG mit zeitgleicher Zugabe verschiedener Konzentrationen an Magnesiumsulfat (25, 50, 75, 100 und 200 mM). In Abbildung 33 sind die maximal analysierten Acetonkonzentrationen mit *C. glutamicum* ΔgltA pEKEx_adc_ctfAB_thlA, pEKEx_adc_atoDA_thlA und pEKEx_adc_tell_thlA abgebildet.

3. Experimente und Ergebnisse

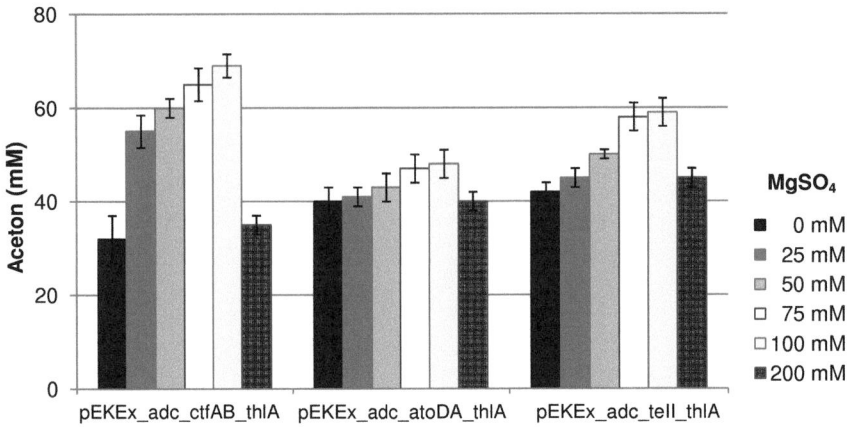

Abb. 33: Acetonproduktion von *C. glutamicum* ΔgltA pEKEx_adc_ctfAB_thlA, pEKEx_adc_atoDA_thlA und pEKEx_adc_tell_thlA in Abhängigkeit vom eingesetzten Magnesiumsulfat

In *C. glutamicum* ΔgltA stieg die maximal detektierte Acetonkonzentration mit steigender Magnesiumkonzentration. Erst bei Zugabe von 200 mM Magnesiumsulfat trat im Vergleich zu den anderen Magnesiumsulfat-Konzentrationen ein hemmender Effekt ein. Mit dem Plasmid pEKEx_adc_ybgC_thlA wurde unabhängig von der Magnesiumsulfatkonzentration ca. 1,5 mM Aceton produziert. Plasmidabhängig wurden bei Zugabe von 100 mM Magnesiumsulfat zwischen 20 und 115 % mehr Aceton produziert.

Nach diesen Ergebissen wurde die Auswirkung von 100 mM Magesiumsulfat untersucht, wenn wie zuvor beschrieben (3.14.2.2) während des Wachstums die Glucosekonzentration stetig verfolgt und bei Erreichen einer Glucosekonzentration unter 10 mM die Glucoseendkonzentration von 100 mM wieder eingestellt wurde. In den Wachstumsversuchen wurde eine OD_{600} von 1 eingestellt und bei einer OD_{600} von 2 erfolgte die Induktion des Aceton-Synthese-Operons durch 1 mM IPTG mit zeitgleicher Zugabe an 100 mM Magnesiumsulfat. In Tabelle 20 sind die maximal analysierten Acetonkonzentrationen mit *C. glutamicum* ΔgltA pEKEx_adc_ctfAB_thlA, pEKEx_adc_atoDA_thlA und pEKEx_adc_tell_thlA aufgelistet.

3. Experimente und Ergebnisse

Tab. 20: Acetonkonzentration (mM) von *C. glutamicum* ΔgltA pEKEx_adc_ctfAB_thlA, pEKEx_adc_atoDA_thlA und pEKEx_adc_tell_thlA, bei 100 mM Magnesiumsulfat und 200 mM Glucose

Plasmid	Aceton (mM)
pEKEx_adc_ctfAB_thlA	97 ± 3
pEKEx_adc_atoDA_thlA	52 ± 3
pEKEx_adc_tell_thlA	66 ± 3

Durch die erhöhte Glucosekonzentration konnte im Zusammenhang mit Magnesiumsulfat die Acetonproduktion weiter gesteigert werden. *C. glutamicum* ΔgltA pEKEx_adc_ctfAB_thlA produzierte dadurch ca. 100 mM Aceton.

3.15 Acetonproduktion mit *C. aceticum*

Das in *E. coli* konstruierte Aceton-Synthese-Plasmid pIMP_adc_ctfAB_thlA$_{Pro}$ sollte in *C. aceticum* eingebracht werden. Es ist davon auszugehen, dass *C. aceticum*, wie auch andere Clostridien, sequenzspezifische Restriktionssysteme besitzt, wodurch nichtmethylierte Fremd-DNA degradiert wird. Da das Genom von *C. aceticum* noch nicht sequenziert ist, wurde die Methyltransferase *von C. acetobutylicum* zur *in vivo* Methylierung eingesetzt. Die plasmidkodierte Methyltransferase (pANS1, Böhringer, 2002) liegt dazu in *E. coli* ER2275 und XL1-Blue vor. Plasmide, die über Elektrotransformation in Clostridien eingebracht werden sollen, werden zuvor in einen der Stämme transformiert und die so modifizierte Plasmid-DNA durch Plasmidpräparation wieder isoliert. So wurde auch mit dem Plasmid pIMP_adc_ctfAB_thlA$_{Pro}$ verfahren und die Methylierung anschließend durch einen Restriktionsverdau mit *Sat*I überprüft.

Da für *C. aceticum* bisher keine Transformationsmethode etabliert ist, wurden verschiedene Transformationsprotokolle von Clostridien und Acetogenen (*Acetobacterium woodii*, Strätz et al., 1994; *C. acetobutylicum*, Mermelstein et al., 1992; *C. perfringens*, Scott und Rodd, 1989; *C. perfringens*, Allen und Blaschek, 1988; *C. tyrobutyricum*, Zhu et al., 2005; Liu et al., 2006) getestet und Modifikationen vorgenommen (Tab. 21).

3. Experimente und Ergebnisse

Tab. 21: Transformationsparameter und vorgenommene Modifikationen

Parameter	Modifikationen
Medienzusatz[1]	ohne Zusatz
	Glycin (50-100 mM)[2]
	DL-Threonin (20-100 mM)[3]
Wachstumsphase	0,25 - 0,6 (frühe bis mittlere exponentielle Phase)
Elektroporationspuffer	ETM-Puffer (270 mM Saccharose, 5 mM Natriumphosphat, 10 mM $MgCl_2$; pH 6)
	SMP-Puffer (270 mM Saccharose, 7 mM Natriumphosphat, 1 mM $MgCl_2$; pH 7,4)
Zentrifugation bei	4 °C oder Raumtemperatur
Waschschritte	ein- oder zweimal
	eiskalter oder auf Raumtemperatur temperierter Puffer
Elektroporationsküvette	2 oder 4 mm Elektrodenabstand
Plasmidmenge	0,5 - 2 µg
Spannung	1,8 oder 2,5 kV
Widerstand	200, 400 oder 600 Ω
Kapazität	25 oder 50 µF
Resistenzausprägung für	24, 48 oder 72 Stunden

[1] Um die Zellwand zu schwächen wurde der Medienzusatz zu Beginn des Wachstums zugegeben
[2] Holo und Nes, 1989
[3] McDonald et al., 1995

Letztendlich wurden 50 ml *C. aceticum*-Medium mit einer 48-h-Kultur auf eine optische Dichte von ca. 0,1 beimpft, wobei zeitgleich die Zugabe von 40 mM DL-Threonin erfolgte. DL-Threonin schwächt die Zellwand durch einen bisher unbekannten Mechanismus (McDonald et al., 1995). Nach Erreichen einer optischen Dichte von mindestens 0,3 wurden die weiteren Schritte in der Anaerobenkammer bei Raumtemperatur durchgeführt. Nach Zellernte (6.000 g, 10 min), wurden die Zellen zweimal mit SMP-Puffer gewaschen

3. Experimente und Ergebnisse

und das Sediment anschließend in 600 µl SMP-Puffer aufgenommen. Die Zellen wurden mit 1 µg Plasmid-DNA in eine 4 mm Elektroporationsküvette transferiert und 5 Minuten bei Raumtemperatur inkubiert. Die Elektroporation erfolgte bei 25 µF, 600 Ω und 2,5 kV, wonach die Zellen in 5 ml Medium gegeben und zur Resistenzausprägung für 3 Tage bei 30 °C inkubiert wurden. Daraufhin wurden die Zellen in 5 ml Medium mit Clarithromycin (5 µg ml^{-1}) überführt, bei 30 °C inkubiert und das Wachstum photometrisch verfolgt. Zum Nachweis des Plasmides erfolgte eine Plasmidisolation mit anschließender PCR zum Nachweis der Aceton-Synthese-Gene. Dafür kamen die Oligodesoxynukleotide "ASO_fw" und "ASO_rev" zum Einsatz.

Nach erfolgreicher Transformation folgten Wachstumsversuche, indem *C. aceticum* pIMP_adc_ctfAB_thlA$_{Pro}$ in 50 ml selektivem Medium angezogen wurde. Nach drei Tagen Inkubation bei 30 °C wurden 50 ml selektives Medium auf eine optische Dichte von ca. 0,1 eingestellt. Das Wachstum wurde photometrisch verfolgt und Proben zur gaschromatographischen Acetonanalyse aufgearbeitet. Als Kohlenstoffquelle kamen Fructose oder eine Gasphase von 80 % H$_2$ und 20 % CO$_2$ zum Einsatz (Abb. 34 und 35).

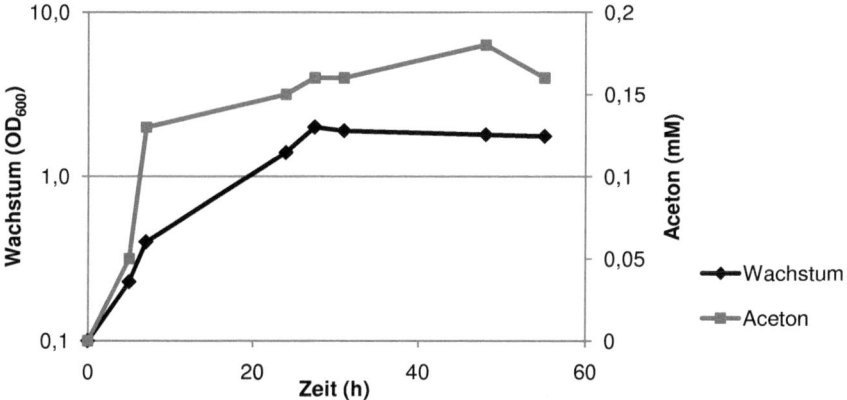

Abb. 34: Wachstum und Acetonproduktion von *C. aceticum* pIMP_adc_ctfAB_thlA$_{Pro}$ mit Fructose als Kohlenstoffquelle

In einer Kultur von *C. aceticum* pIMP_adc_ctfAB_thlA$_{Pro}$ konnte, mit Fructose als Kohlenstoffquelle, während des gesamten Wachstums Aceton nachgewiesen werden. Während der exponentiellen Wachstumsphase stieg die Acetonproduktion stark an und blieb in der stationären Wachstumsphase nahezu konstant.

3. Experimente und Ergebnisse

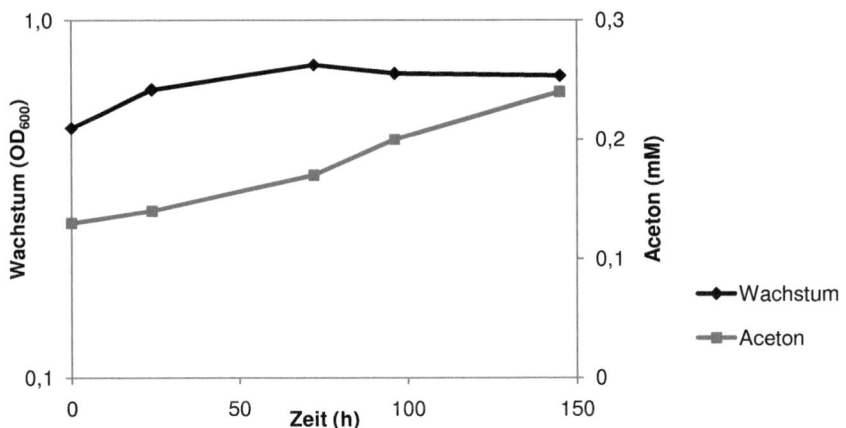

Abb. 35: Wachstum und Acetonproduktion von *C. aceticum* pIMP_adc_ctfAB_thlA$_{Pro}$ mit 80 % H$_2$ und 20 % CO$_2$ als Kohlenstoffquelle

In einer Kultur von *C. aceticum* pIMP_adc_ctfAB_thlA$_{Pro}$ wurde mit 80 % H$_2$ und 20 % CO$_2$ als Kohlenstoffquelle bereits zu Beginn des Wachstums Aceton nachgewiesen. Obwohl nur geringes Wachstum zu verzeichnen war, stieg die Acetonkonzentration während des gesamten Zeitraums stetig an und erreichte höhere Konzentrationen (0,24 mM) als mit Fructose als Kohlenstoffquelle (0,18 mM).

3.16 Expression von *thlA* und *ctfAB* bzw. *thlA* und *atoDA* in *C. acetobutylicum*

Um die Auswirkung einer Überproduktion von ThlA und CtfAB in *C. acetobutylicum* zu untersuchen, wurden die dafür kodierenden Gene in den "shuttle"-Vektor pIMP1 kloniert. *thlA* wurde mit seinem Promoter in einer Standard-PCR über die "Primer" "thlA_fw_AA" und "thlA-rev_AA" und *ctfAB* über "ctfAB_fw_AA" und "ctfAB_rev_AA" amplifiziert. In beiden Fällen wurden Schnittstellen zur gerichteten Klonierung generiert. Nach Restriktionsverdau wurde *thlA* in den ebenso verdauten Vektor pIMP1 kloniert. Nachfolgend wurden *ctfAB* und pIMP_thlA einem Verdau und einer Ligation unterzogen. Zudem wurden anstelle der Gene *ctfAB* aus *C. acetobutylicum* die Gene *atoDA* aus *E. coli* (AtoDA; Jenkins und Nunn, 1987) eingesetzt. *atoDA* wurde über die Oligonukleotide "atoDA_fw_AA" und "atoDA_rev_AA" amplifiziert, einem Restriktionsverdau unterzogen und in das entsprechend verdaute Plasmid pIMP_thlA kloniert. Nach der Konstruktion in

3. Experimente und Ergebnisse

E. coli XL2-blue und Sequenzierung wurden die Plasmide pIMP_ctfAB_thlA$_{Pro}$ und pIMP_atoDA_thlA$_{Pro}$ *in vitro* methyliert und in *C. acetobutylicum* mittels Elektrotransformation eingebracht. Anschließend wurden Wachstumsversuche durchgeführt. Ausgehend von einer Sporensuspension wurden 5 ml selektives CG-Medium beimpft, über Nacht bei 37 °C inkubiert und davon ausgehend 50 ml selektives CG-Medium auf eine optische Dichte von ca. 0,1 inokuliert. Das Wachstum wurde photometrisch verfolgt und Proben zur gaschromatographischen Analyse aufgearbeitet. Die Auswirkungen der eingebrachten Plasmide auf das Produktspektrum sind in Abbildung 36 dargestellt.

3. Experimente und Ergebnisse

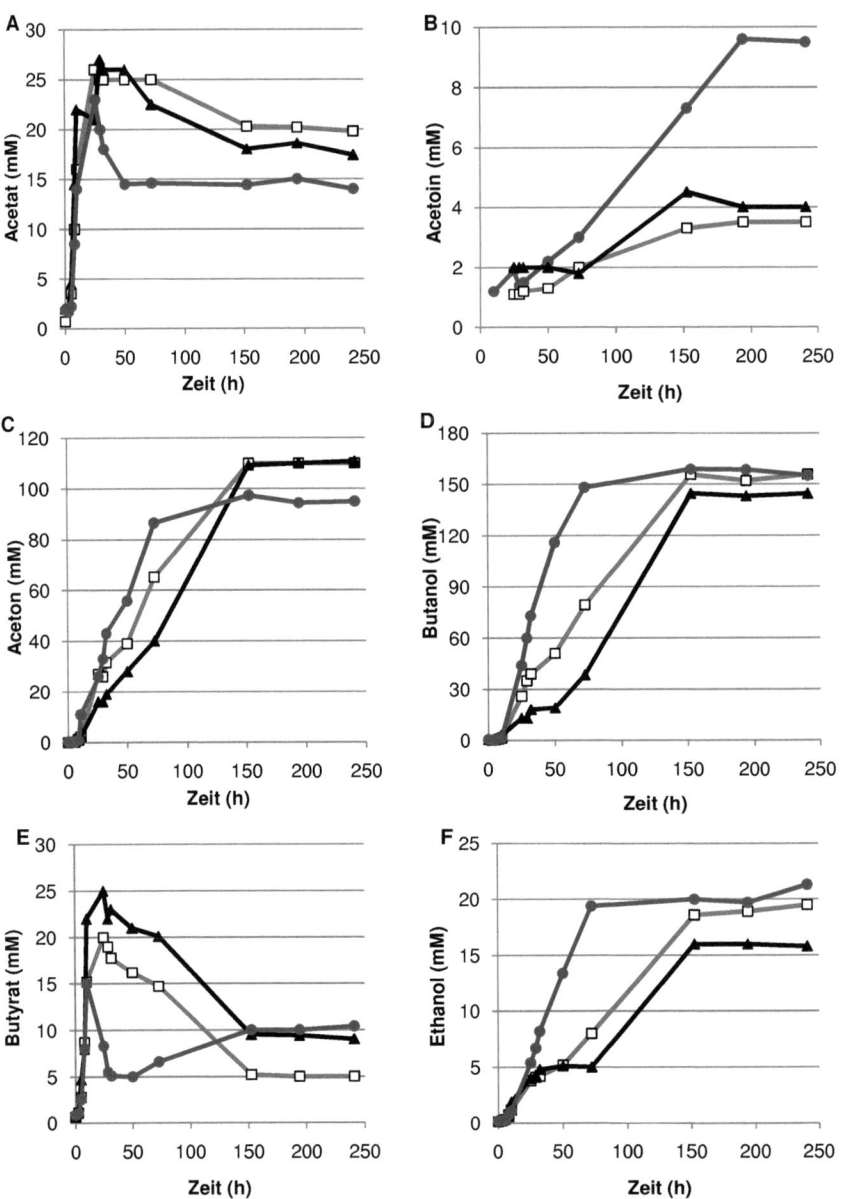

Abb. 36: A: Acetat-, B: Acetoin-, C: Aceton-, D: Butanol-, E: Butyrat- und F: Ethanolkonzentrationen (mM) in *C. acetobutylicum* pIMP1 (—●—), *C. acetobutylicum* pIMP_ctfAB_thlA$_{Pro}$ (—□—) und *C. acetobutylicum* pIMP_atoDA_thlA$_{Pro}$ (—▲—)

3. Experimente und Ergebnisse

Durch die in *C. acetobutylicum* eingebrachten Plasmide pIMP_ctfAB_thlA$_{Pro}$ und pIMP_atoDA_thlA$_{Pro}$ wurden im Vergleich zu *C. acetobutylicum* pIMP1 höhere Konzentrationen an Acetat und Aceton nachgewiesen (Abb. 36 A + C). Dagegen wurden geringere Konzentrationen an Acetoin, Butanol, Butyrat und Ethanol nach 250 Stunden detektiert. Im Vergleich von *C. acetobutylicum* pIMP_ctfAB_thlA$_{Pro}$ und *C. acetobutylicum* pIMP_atoDA_thlA$_{Pro}$ zeigte sich, dass mit der CoA-Transferase aus *E. coli* höhere Konzentrationen an Acetat, Acetoin und Butyrat erreicht werden, aber niedrigere Butanol- und Ethanolkonzentrationen.

4. Diskussion

4.1 Acetonproduktion durch Clostridien

Aceton wird derzeit hauptsächlich über die chemischen Prozesse Propen-Direktoxidation, Isopropanol-Dehydrierung und Hock-Verfahren hergestellt. Diese Synthesen basieren auf Propen und Benzol, die beim "cracken" von Erdöl anfallen. Durch die schwankenden und steigenden Ölpreise werden diese Verfahren zunehmend unrentabel resp. unkalkulierbar, und es ist nur eine Frage der Zeit, bis biologische Verfahren mit Hilfe von Mikroorganismen die chemischen Verfahren ersetzen werden.

Zahlreiche Clostridien sind natürliche Acetonproduzenten, wobei C. acetobutylicum, C. beijerinckii, C. saccharobutylicum und C. saccharoperbutylacetonicum die Hauptproduzenten darstellen (Keis et al., 1995; 2001a; 2001b). Aber auch C. aurantibacterium, C. pasteurianum und C. puniceum sind natürliche Acetonproduzenten (Tab. 22).

Tab. 22: Acetonproduzenten

Organismus	Aceton (mM)	Referenz
C. acetobutylicum ATCC 824	75 mM	Cornillot et al., 1997
C. aurantibutyricum ATCC 17777	20 mM	George et al., 1983
NCIB 10659	14 mM	George et al., 1983
C. beijerinckii ATCC 25752	6 mM	George et al., 1983
ATCC 11914	2 mM	George et al., 1983
C. pasteurianum ATCC 6013	90 mM[1]	Harris et al., 1986
	0 mM[2]	Harris et al., 1986
C. puniceum ATCC 43978	17 mM	Holt et al., 1988
C. saccharoperbutylacetonicum ATCC 27021	40 mM	Ogata und Hongo, 1979
		Keis et al., 2001b
C. saccharobutylicum DSM 13864	105 mM	Liew et al., 2006

[1] aus 12,5 % Glucose
[2] aus 3,5 % Glucose

4. Diskussion

C. acetobutylicum ist der am besten untersuchte Acetonproduzent und zeichnet sich durch einen biphasischen Stoffwechsel aus (Abb. 37; Noack *et al.*, 2009; Dürre, 2005; Dürre und Bahl, 1996; Jones und Woods, 1986). Zu Beginn des Wachstums, in der sogenannten "acidogenen Phase", erfolgt die Biomassebildung und die Bildung der organischen Säuren Acetat und Butyrat. Diese werden in das Medium abgegeben, wodurch es zu einer Absenkung des pH-Wertes kommt. Da ein Absinken des pH-Wertes unter 4,5 zu einem Zusammenbruch des Protonengradienten führt, der für die Energiekonservierung und die Transportvorgänge von essentieller Bedeutung ist, erfolgt am Ende des logarithmischen Wachstums ein sogenannter "shift". In der "solventogenen Phase" werden die organischen Säuren teilweise wieder aufgenommen und zu den Fermentationsprodukten Aceton und Butanol umgesetzt. Diese Lösungsmittel können für die Zelle toxisch sein. Insbesondere Butanol erhöht die Fluidität der Zellmembran (Ingram, 1976; Vollherbst-Schneck *et al.*, 1984; Baer *et al.*, 1987; Baer *et al.*, 1989) und inhibiert u.a. Transporter (Bowles und Ellefson, 1985; Ounine *et al.*, 1985; Moreira et al., 1981) und ATPasen (Terracciano und Kashket, 1986). Durch die Lösungsmittelbildung erhält *C. acetobutylicum* Zeit, die Endosporenbildung zu initiieren, um dadurch das Überleben zu gewährleisten.

Das Ausgangs-Intermediat für die Aceton-Synthese in *C. acetobutylicum* bildet Acetyl-CoA. Acetyl-CoA ist ein zentraler Metabolit, der in allen Mikroorganismen gebildet wird, unabhängig von der Kohlenstoffquelle und den Stoffwechselwegen. Ausgehend von Acetyl-CoA wird über Acetacetyl-CoA Acetacetat generiert, welches anschließend in Aceton und CO_2 umgewandelt wird (Abb. 7). Dafür werden die Enzyme Thiolase A, die zwei Untereinheiten der Acetacetyl-CoA: Acetat/Butyrat:CoA-Transferase und die Acetacetat-Decarboxylase benötigt.

Das Genom von *C. acetobutylicum* ist seit 2001 vollständig sequenziert (Nölling *et al.*, 2001), und die für die Aceton-Produktion benötigten Enzyme wurden gereinigt und biochemisch gut charakterisiert (ThlA: Wiesenborn *et al.*, 1988; Stim-Herndon *et al.*, 1995; CtfAB: Wiesenborn *et al.*, 1989; Adc: Westheimer, 1969; Gerischer und Dürre, 1990; Übersicht: Dürre und Bahl, 1996).

4. Diskussion

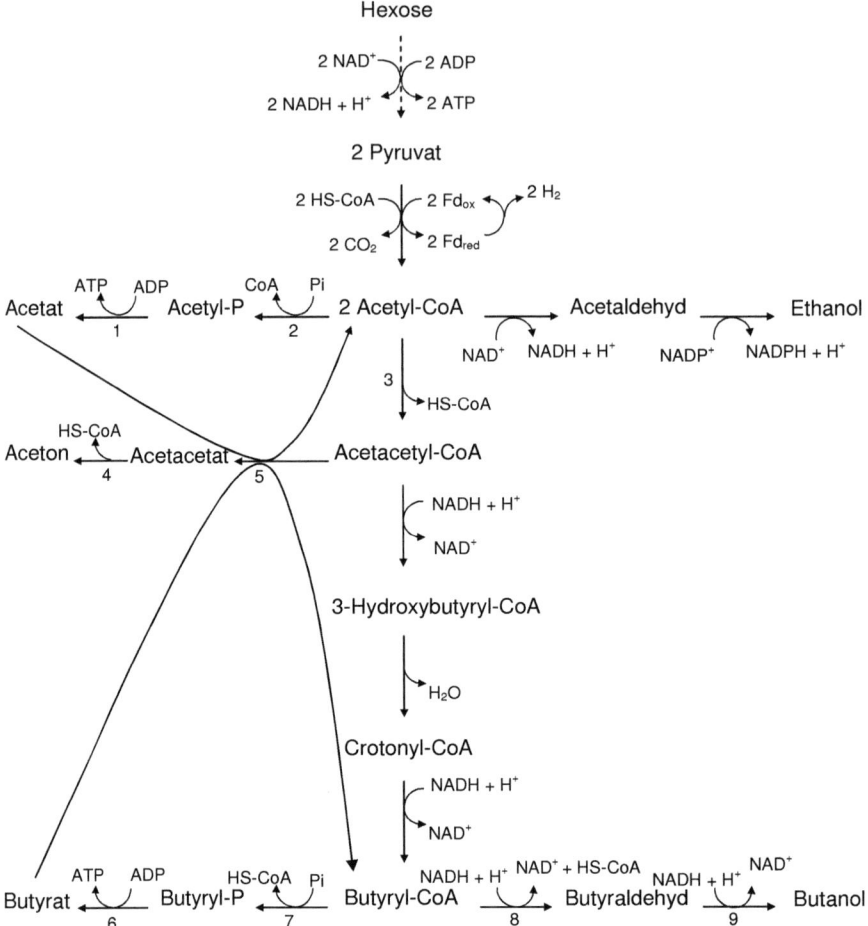

Abb. 37: Schematische Darstellung der Reaktionen des Gärungsstoffwechsels von *C. acetobutylicum* (Jones und Woods, 1986; mod.).
1: Acetat-Kinase; 2: Phosphotransacetylase; 3: Thiolase; 4: Acetacetat-Decarboxylase; 5: CoA-Transferase; 6: Butyrat-Kinase; 7: Phosphotrans-butyrylase; 8: Butyraldehyd-Dehydrogenase; 9: Butanol-Dehydrogenase

4. Diskussion

4.2 Acetonproduktion in *E. coli*

E. coli gehört zu den *Enterobacteriaceae*, ist Gram-negativ, bildet kurze Stäbchen mit peritricher Begeißelung und gehört zu den weltweit am besten untersuchten Organismen. *E. coli* gilt als Modellorganismus Gram-negativer Bakterien und soll in naher Zukunft zur biotechnologischen Acetonproduktion eingesetzt werden. Dafür wurden die Gene für die Acetonsynthese, *thlA*, *ctfAB* und *adc*, in *E. coli* sp. eingebracht, so dass er in der Lage ist, Aceton zu produzieren. Am Beispiel von *E. coli* XL1-Blue zeigt sich, dass dieser Stamm mit dem Plasmid pEKEx_adc_ctfAB_thlA gerade einmal 0,2 mM Aceton und mit dem Plasmid pIMP_adc_ctfAB_thlA 50 mM Aceton produziert. Bei Betrachtung des Stammes *E. coli* WL3 hingegen zeigt sich, dass dieser mit dem Plasmid pEKEx_adc_ctfAB_thlA 60 mM Aceton und mit dem Plasmid pIMP_adc_ctfAB_thlA 2,2 mM Aceton produziert (Abb. 13; 15). Trotz gleicher Genzusammensetzung der Plasmide zur Acetonproduktion variieren die Produktionsraten in den einzelnen *E. coli*-Stämmen stark. Alle in dieser Arbeit eingesetzten *E. coli*-Stämme sind *E. coli* K12-Derivate und unterscheiden sich nur minimal voneinander. Auch die unterschiedlichen Plasmide bewirken unterschiedliche Acetonkonzentrationen. Der Unterschied ist nicht im Rückgrat allein begründet, sondern auch im Promoter des jeweiligen Plasmides. Während es sich beim Promoter von pEKEx-2 um einen mit IPTG induzierbaren Promoter handelt, besitzt pIMP1 keinen eigenen Promoter (Borden und Papoutsakis, 2007), so dass der konstitutiv aktive *thlA*-Promoter aus *C. acetobutylicum* eingesetzt wurde (Tab. 23).

Tab. 23: Vergleich der Promotersequenzen

	-35-Region	"Spacer"	-10-Region	Referenz
Konsensus	TTGACA	17 Bp	TATAAT	McClure, 1985; Graves und Rabinowitz, 1986
pEKEx-2	TTGACA	16 Bp	TATAAT	Eikmanns *et al.*, 1994
thlA	TTGATA	17 Bp	TATAAT	Winzer *et al.*, 2000

Beim Vergleich der Promotersequenzen sind nur geringe Unterschiede zu erkennen. So entsprechen beide -10-Regionen der Konsensussquenz, doch unterscheidet sich der pEKEx-Promoter in der "Spacer"-länge und der *thlA*-Promoter durch einen Basenaustausch in der -35-Region. Die pEKEx-Plasmide wurden mit der für induzierbare Promotoren optimalen IPTG-Konzentration von 1 mM induziert (Cho *et al.*, 1985), während dies bei den pIMP-Plasmiden nicht erfolgte.

4. Diskussion

2007 beschrieb Hanai et al. einen E. coli-Stamm, der durch die clostridiellen Aceton-Synthese-Gene (adc, ctfA, ctfB und thlA) in der Lage war, ca. 60 mM Aceton zu produzieren, während Bermejo et al. (1998) 40 bzw. 90 mM Aceton detektieren konnten. In den genannten Publikationen wurden sowohl unterschiedliche Vektoren als auch verschiedene E. coli-Stämme eingesetzt. Während bei Bermejo et al. (1998) der thlA-Promoter eingesetzt wurde, handelt es sich bei Hanai et al. (2007) um einen induzierbaren Promoter.

Wurde das Acetacetat-synthetisierende Enzym CtfAB aus C. acetobutylicum durch AtoDA aus E. coli ersetzt, zeigte sich im direkten Vergleich von E. coli sp. pEKEx_adc_ctfAB_thlA mit pEKEx_adc_atoDA_thlA mit AtoDA eine höhere Acetonkonzentration (Abb. 13). Dies zeigte sich auch für die pIMP-basierten Plasmide (Abb. 15). Deutlich wird auch, dass mit den pIMP-basierten Plasmiden deutlich weniger Aceton produziert wurde als mit den pEKEx-basierenden Plasmiden. E. coli WL3 ist in der Lage, durch den Austausch von CtfAB aus C. acetobutylicum gegen AtoDA aus E. coli ein Zweifaches an Aceton zu produzieren. Auch Hanai et al. (2007) konnten durch den Austausch von CtfAB gegen AtoDA eine rund zweifache Steigerung beobachten.

Die bisher publizierten, acetonproduzierenden E. coli-Stämme wurden jeweils bei 30 °C kultiviert, da Aceton sehr flüchtig ist. Auf Grund dessen wurden auch in dieser Arbeit die Inkubationstemperatur von 37 °C auf 30 °C gesenkt und die Auswirkungen analysiert. Es zeigte sich sofort eine erhöhte Acetonausbeute (Abb. 18), wobei stammabhängig sogar eine um 80 % gesteigerte Acetonproduktion detektiert werden konnte. Dies zeigte sich sowohl mit E. coli sp. pEKEx_adc_atoDA_thlA als auch mit E. coli sp. pIMP_adc_atoDA_thlA.

Neben den CoA-Transferasen aus C. acetobutylicum (CtfAB) und E. coli (AtoDA) kamen die Acetacetat-synthetisierenden Enzyme TEII aus B. subtilis und YbgC aus H. influenzae zum Einsatz. Die dafür kodierenden Gene wurden zur Vektorkonstruktion eingesetzt und ersetzten dabei ctfAB aus C. acetobutylicum. E. coli sp. pEKEx_adc_teII_thlA bzw. pEKEx_adc_ybgC_thlA und E. coli sp. pIMP_adc_teII_thlA bzw. pIMP_adc_ybgC_thlA produzierten allerdings nur geringe Mengen Aceton. In E. coli sp. wurden diese Plasmide daraufhin nicht weiter untersucht.

Drummond und Stern publizierten 1960, dass die Bildung von Acetacetyl-CoA durch Magnesium verbessert wird, da es als Co-Faktor Acetacetat-synthetisierender Enzyme dient. Bei Magnesiummangel sank die Aktivität der Enzyme im menschlichen Körper um 30 %. Aufgrund dieser Publikation wurde die Auswirkung von Magnesium auf die Acetonproduktion von E. coli sp. pEKEx_adc_atoDA_thlA untersucht. Bei einer Inkubationstemperatur von 37 °C wurde bei einem Zusatz von bis zu 50 mM Magnesiumsulfat eine erhöhte Acetonproduktion detektiert. In allen untersuchten E. coli-Stämmen zeigte sich eine 80 %ige Steigerung (Abb. 20). Im Gegensatz dazu wurde bei 30 °C eine gesteigerte Acetonproduktion detektiert, sofern die Zugabe von 20 mM

4. Diskussion

Magnesiumsulfat erfolgte. Höhere Konzentrationen zeigten einen hemmenden Effekt. Die Stämme produzierten zwischen 10 und 60 % mehr Aceton (Abb. 21). Letztendlich zeigte sich der *E. coli*-Stamm WL3 pEKEx_adc_atoDA_thlA als produktionsstärkster Stamm. Die vor der Optimierung detektierte Konzentration von 120 mM Aceton konnte zuerst durch eine niedrigere Inkubationstemperatur auf 140 mM und durch die Zugabe von Magnesium auf ca. 218 mM bei 37 °C bzw. auf ca. 230 mM bei 30 °C gesteigert werden.

Da beim zeitlichen Verlauf der Acetonproduktion in *E. coli* sp. deutlich zu erkennen war, dass nach ca. 30 Stunden die Acetonkonzentrationen abnehmen, wurde untersucht, in wieweit das produzierte Aceton verdampft oder ob *E. coli* sp. möglicherweise in der Lage ist, Aceton als Energie- und Kohlenstoffquelle zu nutzen. Es konnte dabei gezeigt werden, dass Aceton bereits bei 37 °C bzw. 30 °C verdampft. Zudem wurde im Vergleich der mit acetonversetzten Medien mit und ohne *E. coli*-Kultur die Acetonkonzentration in mit *E. coli* versetzten Medien weniger Aceton nachgewiesen, was darauf hindeutet, dass *E. coli* das zugesetzte Aceton verstoffwechseln kann. Da die Wachstumskurven einen sigmoiden Verlauf zeigen, muss das Aceton zeitgleich zur Glucose verstoffwechselt werden. Ein biphasischer Wachstumsverlauf würde darauf hindeuten, dass die Verstoffwechslung nacheinander erfolgt.

4.3 Acetonproduktion in *C. glutamicum* und *C. glutamicum* ΔgltA

C. glutamicum ist ein Gram-positives, fakultativ anaerobes (Nishimura *et al.*, 2007), nicht sporenbildendes Bodenbakterium (Liebl, 2005; 2006), das v.a. für die biotechnologische Aminosäureproduktion von großer Bedeutung ist. In Zukunft soll *C. glutamicum* neben der Aminosäureproduktion zur Produktion von z.B. Succinat, das derzeit aus Erdöl gewonnen wird, oder Ethanol, das als Biokraftstoff an Bedeutung gewinnt (Inui *et al.*, 2004 a; 2004 b; Okino, 2008), herangezogen werden. *C. glutamicum* kann Kohlenhydrate, Alkohole und organische Säuren als Kohlenstoff- und Energiequelle nutzen (Liebl, 1991). Seit der Sequenzierung des Genoms von *C. glutamicum* (Ikeda und Nakagawa, 2003; Kalinowski *et al.*, 2003) wird immer häufiger in den Stoffwechsel eingegriffen ("metabolic engineering", Wendisch, 2006; Wendisch et al., 2006), wodurch profitablere Bakterienstämme konstruiert werden können.

In dieser Arbeit sollte *C. glutamicum* so verändert werden, dass er zur fermentativen Acetonproduktion genutzt werden kann. Allerdings war *C. glutamicum* durch die eingebrachten Aceton-Synthese-Operone nicht in der Lage, Aceton zu produzieren. In einem "DotBlot" konnte gezeigt werden, dass die Transkription der Gene erfolgt. Zudem ist *C. glutamicum* in der Lage, Aceton bis zu einer Konzentration von 100 mM zu tolerieren (Abb. 22), die eingesetzten Acetonkonzentrationen führten aber zu einer verringerten

4. Diskussion

Wachstumsrate. Es konnte ebenfalls nachgewiesen werden, dass *C. glutamicum* Aceton verstoffwechseln kann (Abb. 27). Auf Grund des sigmoiden Wachstumsverlaufes ist es naheliegend, dass Aceton parallel zu Glucose verstoffwechselt wird. Eine parallele Verstoffwechslung erfolgt auch bei der Kombination von Glucose mit organischen Säuren und anderen Zuckern (Cocaign *et al.*, 1993; Dominguez *et al.*, 1997; Arndt und Eikmanns, 2007; Frunzke *et al.*, 2008). Im Gegensatz dazu wird Glucose in Kombination mit Glutamat oder Ethanol sukzessive verstoffwechselt, was durch die Katabolitrepression reguliert wird und an einem biphasischen Wachstum zu erkennen ist (Arndt und Eikmanns, 2007; Krämer und Lambert, 1990). In *C. glutamicum* ist kein Ethanoltransporter identifiziert. Vermutlich wird Ethanol passiv aufgenommen, was auch für Aceton zutreffen könnte.

Auf Grund der kaum detektierbaren Acetonproduktion wurde gezielt eine *C. glutamicum*-Mutante erzeugt. Im Blickpunkt der Untersuchungen standen Gene, deren Ausschalten zu einer Erhöhung des internen Acetyl-CoA-Spiegels führt. Die Deletion der Gene *pta*, *ppc* oder *gltA* wurden dabei näher in Betracht gezogen.

pta kodiert für die Phosphotransacetylase. Dieses Enzym katalysiert die Umesterung von Acetyl-CoA zu Acetylphosphat. Acetylphosphat wird im Zuge der Substratkettenphosphorylierung durch die Acetatkinase zu Acetat umgesetzt. Bei einer Deletion von *pta* würde folglich das gebildete Acetyl-CoA nicht zu Acetat umgesetzt werden. Die PEP-Carboxylase wird durch *ppc* kodiert und katalysiert die reversible Carboxylierung von Phosphoenolpyruvat zu Oxalacetat. Durch eine Deletion von *ppc* steht weniger Oxalacetat zur Verfügung, wodurch vermindert Acetyl-CoA in den Citratzyklus eingeschleust werden kann. Deletionsmutanten von *pta* und *ppc* wurden in *C. glutamicum* bereits konstruiert (Δ*pta*: Wendisch *et al.*, 1997; Δ*ppc*: Gubler *et al.*, 1994; Inui *et al.*, 2004), aber mögliche Veränderungen des Acetyl-CoA-Spiegels nicht publiziert. *gltA* kodiert für die Citratsynthase (GltA), die als homotetrameres Enzym die initiale Reaktion des Citratcyclus katalysiert (Eikmanns *et al.*, 1994; Radmacher und Eggeling, 2007). Der initiale Schritt besteht aus der Kondensation von Acetyl-CoA und Oxalacetat zu Citrat und Coenzym A (Abb. 23). Durch eine Deletion von *gltA* könnte das gebildete Acetyl-CoA nicht mehr in den Citratzyklus eingeschleust werden. Eine weitere Alternative stellt die Deletion von *ramA* dar. RamA und RamB stellen globale Regulatoren in *C. glutamicum* dar. Während RamB einen reprimierenden Effekt auf die *gltA*-Transkription aufweist, hat RamA einen aktivierenden Effekt, wenn Glucose als Kohlenstoff- und Energiequelle dient. Bei der Erstellung einer *ramA*-Deletionsmutante konnten van Ooyen *et al.* (2009) eine stark verminderte Citratsynthaseaktivität feststellen, so dass das gebildete Acetyl-CoA nur teilweise in den Citratcyclus eingeschleust werden kann.

Im Speziellen wurde hier eine Citratsynthase-Mutante von *C. glutamicum* erstellt. Um die Deletion zu bestätigen, wurde die spezifische Citratsynthase-Aktivität bestimmt. Die Mutante zeigte im Vergleich zum Wildtyp kaum Aktivität. Bereits 2002 wurde eine *C. glutamicum* Citratsynthase-Mutante erstellt, Aktivitätsmessungen ergaben eine

4. Diskussion

spezifische Citratsynthase-Aktivität unter 0,01 U mg^{-1} (Claes et al., 2002). Die geringe Aktivität (0,005 U mg^{-1}; Tab. 16), die dennoch nachweisbar war, könnte darauf zurückzuführen sein, dass C. glutamicum zwei Methylcitratsynthasen PrpC1 und PrpC2 besitzt, die neben Propionyl-CoA auch geringe katalytische Aktivität mit Acetyl-CoA als Substrat aufweisen (Claes et al., 2002; Radmacher und Eggeling, 2007).

Wachstumsanalysen zeigten, dass C. glutamicum ΔgltA eine geringere optische Dichte erreichte als der C. glutamicum-WT. Die Deletion im gltA-Gen verhindert, dass das gebildete Acetyl-CoA in den Citratzyclus eingeschleust wird, wodurch weniger Reduktionäquivalente zur Verfügung stehen und dadurch weniger Energie. Allerdings könnte die Deletion von gltA auch einen Effekt auf fkb haben, da dieses mit gltA in einem Operon transkribiert wird (Han et al., 2008). fkb kodiert für eine Peptidyl-Prolyl-cis/trans-Isomerase (PPiase). Diese Enzyme katalysieren den Isomerisierungsschritt von Peptidyl-Prolyl-Bindungen und sind möglicherweise in die mRNA-3'-Endformation involviert (Hani et al., 1999). Die durch fkb kodierte PPiase gehört zu der Enyzmklasse der FKBPs (FK506 Binding Proteins; Han et al., 2008). Die Deletion solcher Isomerasen zeigte zwar keinen Einfluss auf das Zellwachstum (Manning-Krieg et al., 1994; Dolinski et al., 1997), führte aber zu veränderter Biofilmbildung (Rathbun et al., 2009), was nicht festgestellt oder näher untersucht wurde. Allerdings verlor C. glutamicum ΔgltA die Fähigkeit, Aceton zu verstoffwechseln.

Durch Einbringen der konstruierten Aceton-Synthese-Operone in den "shuttle"-Vektor pEKEx-2 war C. glutamicum ΔgltA in der Lage, Aceton zu produzieren. C. glutamicum ΔgltA pEKEx_adc_ctfAB_thlA, pEKEx_adc_atoDA_thlA und pEKEx_adc_teII_thlA produzierten zwischen 30 mM und 45 mM Aceton. Dagegen wurden für C. glutamicum ΔgltA pEKEx_adc_ybgC_thlA nur 1,5 mM Aceton nachgewiesen. Durch physiologische Optimierung wurde die Acetonproduktion weiter gesteigert. Da die Kulturen einen unterschiedlichen Verlauf der pH-Werte zeigten, erfolgten Wachstumsversuche, bei denen der pH-Wert weitgehend konstant gehalten wurde. Dadurch konnte eine 5 %ige Steigerung der Acetonproduktion erreicht werden (Tab. 18). Eine Erhöhung der Glucosekonzentration konnte die Acetonproduktion um weitere 40 % steigern (Tab. 19). Von großem Interesse war, wie sich Magnesiumsulfat auf die unterschiedlichen Acetacetat-synthetisierenden Enzyme in C. glutamicum ΔgltA auswirkt. Bis zu einer Konzentration von 100 mM Magnesiumsulfat konnte mit C. glutamicum ΔgltA mit den Plasmiden pEKEx_adc_ctfAB_thlA, pEKEx_adc_atoDA_thlA und pEKEx_adc_teII_thlA die Acetonproduktion gesteigert werden. Bei einer Konzentration von 200 mM Magnesiumsulfat trat im Vergleich zu 100 mM Magnesiumsulfat eine hemmende Wirkung ein. Interessanterweise fungierte das Magnesiumsulfat unterschiedlich stark als Co-Faktor. Mit dem Acetacetat-synthetisierenden Enzym CtfAB wurde eine 115 %ige Steigerung der Acetonproduktion erreicht, während mit TeII eine 40 %ige und mit AtoDA nur eine 20 %ige

4. Diskussion

Steigerung festzustellen war (Abb. 33). Auf YbgC hatte das eingesetzte Magnesiumsulfat keinen Einfluss, es wurden weiterhin maximal 2 mM Aceton detektiert. Durch den Einsatz von 200 mM Glucose und einer Zugabe von 100 mM Magnesiumsulfat konnte die Acetonproduktion weiter gesteigert werden (Tab. 20).
Letztendlich produzierte C. glutamicum ΔgltA pEKEx_adc_ctfAB_thlA vor der Optimierung ca. 32 mM Aceton, was durch eine erhöhte Glucosekonzentration auf ca. 45 mM angehoben werden konnte und durch Zugabe von Magnesiumsulfat auf 69 mM bzw. knapp 100 mM Aceton. C. glutamicum ΔgltA pEKEx_adc_atoDA_thlA produzierte vor der Optimierung rund 40 mM Aceton, was auf ca. 52 mM angehoben werden konnte und bei C. glutamicum ΔgltA pEKEx_adc_teII_thlA von anfangs 45 mM auf rund 66 mM Aceton. Nur C. glutamicum ΔgltA pEKEx_adc_ybgC_thlA produzierte maximal 2 mM Aceton. Eine Steigerung der Acetonproduktion konnte nicht erreicht werden.

4.4 Alternative Acetacetat-synthetisierende Enzyme

Um neue Acetonstoffwechselwege zu erstellen, kamen alternative Acetacetat-synthetisierende Enzyme zum Einsatz. Die CoA-Transferase CtfAB katalysiert in C. acetobutylicum die Reaktion von Acetacetyl-CoA zu Acetacetat. CtfA hat eine molekulare Masse von 22,7 kDa und CtfB von 23,7 kDa. Nativ wurde ein molekulares Gewicht von ca. 93 ermittelt, was darauf hindeutet, dass die CoA-Transferase als Heterotetramer vorliegt und in der Zusammensetzung α_2, β_2 aktiv ist (Petersen et al., 1993). Bei der von CtfAB katalysierten Reaktion wird das Coenzym A auf ein Akzeptor-Molekül Acetat oder Butyrat übertragen. Alternativ kam AtoDA aus E. coli als Acetacetyl-CoA umsetzendes Enzym zum Einsatz. AtoDA ist eine Acetyl-CoA: Acetacetyl-CoA-Transferase und ist als Heterotetramer in der Zusammensetzung α_2, β_2 in den Stoffwechsel kurzkettiger Fettsäuren involviert. Dabei wurde für AtoA eine molekulare Masse von 26 kDa und für AtoD von 26,5 kDa ermittelt (Jenkins und Nunn, 1987). Diese Reaktion wird beim Wachstum mit kurzkettigen Fettsäuren als Substrat nötig. Auch hier erfolgt die Übertragung des Coenzym A auf ein Akzeptormolekül. Durch den Einsatz von Enzymen, die eine Acetacetat-CoA-Hydrolase-Aktivität besitzen, wird das Coenzym A nicht mehr auf ein Akzeptor-Molekül übertragen. Im Mittelpunkt der Untersuchungen standen die Enzyme TEII und YbgC.
Die Thioesterase II (TEII) aus B. subtilis ist mit der nicht-ribosomalen Peptid-Synthetase zur Bildung des Peptid-Antibiotikums Surfactin assoziiert. Schwarzer et al. (2002) zeigten, dass das 28-kDa-Protein hydrolytische Aktivität mit den Substraten Acetyl-CoA und

4. Diskussion

Propionyl-CoA aufweist. In weiterführenden Arbeiten wurde auch Acetacetyl-CoA als Substrat identifiziert (Verseck *et al.*, 2007).
Das YbgC-Protein aus *H. influenzae* weist Ähnlichkeiten zu YbgC aus *E. coli* auf (Zhuang *et al.*, 2002) und gehört zum sogenannten Tol-Pal-System. Dieses System ist in Gram-negativen Bakterien weit verbreitet und notwendig für die Aufrechterhaltung der Zellwand-Integrität und hat möglicherweise Transportfunktion (Lazzaroni *et al.*, 1999; Lloubès *et al.*, 2001). In *E. coli* kodiert das Tol-Pal-Gencluster sieben Proteine: YbgC ist ein cytoplasmatisches Protein, TolA, TolQ, TolR sind Proteine der inneren Membran, TolB und YbgF sind periplasmatische Proteine und Pal ist ein Peptidoglycan-assoziiertes Lipoprotein. Der Zusammenhang von YbgC aus *E. coli* mit dem Tol-Pal-System ist nicht geklärt, ebenso wie die Funktion von YbgC in *H. influenzae* und mögliche Beziehungen zum Tol-Pal-System (Sturgis, 2001). Die Veröffentlichung von Zhuang *et al.* (2002) beschreibt aber Untersuchungen einer Thioesterase-Aktivität mit katalytischer Funktion. Dabei konnte die Hydrolyse von kurzkettigen aliphatischen Acyl-CoA-Estern, wie z.B. Propionyl-CoA und Butyryl-CoA (Km-Werte 11-24 mM), durch YbgC gezeigt werden. *In vitro* konnten Acetyl-CoA und Acetacetyl-CoA als Substrate identifiziert werden. Für Acetyl-CoA wurde ein Km-Wert von 0,53 mM bzw. für Acetacetyl-CoA ein Km-Wert von 0,14 mM ermittelt (Verseck *et al.*, 2007).
Durch den Einsatz von TEII und YbgC wird CtfAB durch ein Enzym ersetzt, das im Gegensatz zum CtfAB-Heterotetramer seine Aktivität als Monomer ausüben kann. Im Gegensatz zu der bisherigen Acetonfermentation durch *C. acetobutylicum* ist die Acetonproduktion in *E. coli* bzw. *C. glutamicum* von der Ethanol- und Butanolbildung entkoppelt, wodurch diese nicht mehr toxisch wirken können.
In *E. coli* sp. brachte der Austausch von CtfAB gegen AtoDA einer Erhöhung der Acetonproduktion, was in der Überproduktion von AtoDA zu erklären ist. Im Gegensatz dazu konnte durch Einbringen der Enzyme TEII bzw. YbgC die Acetonproduktion nicht gesteigert werden. Die Acetonproduktion war sogar in allen *E. coli*-Stämmen sehr niedrig (max. 2 mM Aceton: Abb. 13; 15), so dass diese Stämme nicht weiter untersucht wurden.
In *C. glutamicum* ΔgltA konnten in den ersten Versuchen mit dem Plasmid pEKEx_adc_teII_thlA die höchsten Acetonkonzentrationen nachgewiesen werden, gefolgt von dem Plasmid pEKEx_adc_atoDA_thlA und dem Plasmid pEKEx_adc_ctfAB_thlA. Mit dem Plasmid pEKEx_adc_ybgC_thlA wurde nahezu kein Aceton produziert. In nachfolgenden Versuchen wurde die Acetonproduktion schrittweise erhöht. Allerdings wurde durch die Optimierung *C. glutamicum* ΔgltA pEKEx_adc_ctfAB_thlA zum produktionsstärksten Stamm mit 69 mM Aceton aus 100 mM Glucose und mit 100 mM Magnesiumsulfat bzw. knapp 100 mM Aceton aus 200 mM Glucose und mit 100 mM Magnesiumsulfat.
Sowohl in *E. coli* sp. als auch in *C. glutamicum* zeigte sich deutlich, dass bei steigenden Acetonkonzentrationen geringere Mengen Acetat nachweisbar waren.

4. Diskussion

4.5 Weitere Optimierung der Acetonproduktion in *E. coli* und *C. glutamicum* ΔgltA

Um eine weitere Optimierung der Acetonproduktion zu erreichen, könnte die Kopienzahl der Aceton-Synthese-Gene erhöht werden oder ein stärkerer Promoter funktionell mit den Genen verknüpft werden, was u.a. durch Einsatz neuer Vektoren erfolgen könnte. Für *E. coli* sind *lac*, *tac* und *trp* als starke Promotoren beschrieben (de Boer *et al.*, 1983). Die erstellten Aceton-Synthese-Operone haben einen niedrigen GC-Gehalt, da der Ursprungswirt *C. acetobutylicum* einen niedrigen GC-Gehalt aufweist. Dies hat zur Folge, dass die "codon usage" der Aceton-Synthese-Gene für die eingesetzten Produktionsstämme, die einen hohen GC-Gehalt haben, suboptimal ist. Tabelle 24 zeigt die "codon usage" der eingesetzten Gene und wurde mit der Software "Graphical Codon Usage Analyser 2.0" erstellt.

Tab. 24: "codon usage" (%) der eingesetzten Gene und untersuchten Organismen

AS	Codon	*thlA* %	*adc* %	*ctfAB* %	*atoDA* %	*tell* %	*ybgC* %	*E. coli* %	*C. glut** %
Ala	GCT	33	33	32	18	6	-	11	28
	GCC	4	6	14	40	35	50	31	23
	GCA	60	44	50	7	41	17	21	30
	GCG	4	17	4	35	18	33	38	19
Arg	GAC	-	-	-	8	-	-	-	-
	AGA	100	36	60	25	33	14	2	4
	CGT	-	27	20	-	6	29	36	27
	AGG	-	18	20	50	25	14	3	5
	CGC	-	9	-	4	12	43	44	41
	CGA	-	9	-	13	12	-	7	10
	CGG	-	-	-	-	12	-	7	13
Asn	AAT	76	89	75	31	50	14	47	30
	AAC	24	11	25	69	50	86	53	70
Asp	GAC	19	6	11	48	78	-	35	48
	GAT	81	94	89	52	22	100	65	52
Cys	TGT	75	100	100	17	33	44	42	34
	TGC	25	-	-	83	67	56	58	66

4. Diskussion

Fortsetzung Tab. 24: "codon usage" (%)

AS	Codon	thlA %	adc %	ctfAB %	atoDA %	tell %	ybgC %	E. coli %	C. glut* %
Gln	CAG	20	50	14	14	100	33	70	70
	CAA	80	50	86	86	-	67	30	30
Glu	GAA	80	57	76	64	100	-	70	50
	GAG	20	43	24	36	-	50	30	50
	AGT	-	-	-	-	-	50	-	-
Gly	GGT	27	8	42	50	6	40	29	30
	GGC	7	-	16	34	40	40	46	40
	GGA	66	77	37	6	18	-	13	19
	GGG	-	15	5	10	12	20	12	10
His	CAC	75	29	50	10	40	50	45	69
	CAT	25	71	50	90	60	50	55	31
Ile	ATT	34	56	49	38	27	13	58	34
	ATA	59	39	49	10	33	40	7	3
	ATC	7	6	2	52	40	47	35	63
Leu	CTT	36	38	25	13	-	27	12	18
	CTC	4	4	12	16	12	18	10	23
	CTA	4	-	15	6	-	-	5	6
	CTG	-	4	-	39	25	9	46	31
	TTA	50	42	44	16	38	9	15	5
	TTG	7	13	4	8	25	37	12	-
	TAG	-	-	-	2	-	-	-	17
Lys	AAA	79	63	77	100	54	82	73	34
	AAG	21	38	23	-	46	18	27	66
Met	ATG	100	100	100	100	100	-	100	100
	TAC	-	-	-	-	-	100	-	-
Phe	TTT	80	100	62	83	45	47	57	31
	TTC	20	-	38	17	55	53	43	69
Pro	CCT	38	44	50	15	19	-	17	24
	CCC	-	22	31	21	25	100	13	17
	CCA	62	33	19	32	-	-	14	36
	CCG	-	-	-	32	56	-	55	23

4. Diskussion

Fortsetzung Tab. 24: "codon usage" (%)

AS	Codon	thlA %	adc %	ctfAB %	atoDA %	tell %	ybgC %	E. coli %	C. glut* %
Ser	TCT	28	18	33	17	18	25	11	19
	TCC	-	-	5	8	16	-	11	34
	TCA	50	9	29	25	29	-	15	12
	TCG	-	9	5	17	11	12	16	12
	AGC	6	45	14	25	22	28	33	15
	AGT	17	18	14	8	4	25	14	8
Thr	ACT	38	31	34	11	25	-	16	21
	TGT	-	-	-	3	-	-	-	-
	ACA	63	46	38	27	50	25	13	10
	ACG	-	15	9	14	-	50	24	14
	ACC	-	8	19	42	25	25	47	54
	TAT	-	-	-	3	-	-	-	-
Trp	TGG	100	100	100	100	100	100	100	100
Tyr	TAT	71	93	40	6	-	-	53	30
	TAC	29	7	-	-	10	50	47	70
	ATG	-	-	60	94	90	50	-	-
Val	GTT	48	38	41	25	43	33	25	28
	GTC	3	6	-	33	14	-	18	36
	GTA	48	44	56	11	-	-	17	11
	GTG	-	13	3	31	43	64	40	32
Stop	TAA	-	100	50	50	100	100	64	50
	TAG	100	-	50	-	-	-	-	24
	TGA	-	-	-	50	-	-	36	25

* C. glut: C. glutamicum

4. Diskussion

Bei den GC-reichen Organismen *E. coli* und *C. glutamicum* werden folglich GC-reichere Codons genutzt. Das Genom von *C. acetobutylicum* aber ist AT-reich und die zur Konstruktion der Aceton-Synthese-Operone eingesetzten Gene bestehen größtenteils aus AT-reichen Codons. Am Beispiel von Asparagin und Glutamin wird dies besonders deutlich. Während *E. coli* und *C. glutamicum* für Asparagin das Codon AAC bevorzugen, wird in *C. acetobutylicum* größtenteils das Codon AAT genutzt. Glutamin wird in *E. coli* und *C. glutamicum* meist durch CAG kodiert, während in *C. acetobutylicum* das Codon CAA bevorzugt genutzt wird.

Neben dem Vergleich der "codon usage" kann der sogenannte Codon Adaptation Index (CAI; Sharp und Li, 1987; Carbone *et al.*, 2003) errechnet werden. Der CAI beschreibt, wie gut die Codons eines heterolog exprimierten Gens der "codon usage" des Wirtsorganismus entsprechen und kann Hinweise darauf geben, ob ein Gen in einem fremden Wirt exprimiert werden kann (Sharp und Li, 1986). Das Programm JCat bietet die Berechnung von CAIs und die Optimierung einer eingegebenen Nukleotidsequenz (Grote *et al.*, 2005). Derzeit kann von 375 Prokaryoten und 8 Eukaryoten der CAI berechnet bzw. die "codon usage" angepasst werden. Ein CAI von > 0,9 ist sehr gut, ein CAI von 1,0 wäre optimal. Tabelle 25 gibt den CAI der eingesetzten Gene für die Acetonproduktion wieder.

Tab. 25: CAI der eingesetzten Gene in den verwendeten Stämmen

	thlA	*adc*	*ctfAB*	*atoDA*	*tell*	*ybgC*
E. coli K12	0,17	0,15	0,18	0,27	0,24	0,23
C. glutamicum	0,13	0,11	0,10	0,21	0,17	0,12

Es ist auffällig, dass der CAI aller Gene sehr niedrig ist. Eine Anpassung der "codon usage" könnte folglich die Expression der Gene erhöhen und dadurch die Acetonproduktion steigern. Dies kann erfolgen, indem die Gene künstlich synthetisiert werden.

Bei der Optimierung der Produktivität ist auch an die Medienzusammensetzung zu denken. Oft ist die Kohlenstoffquelle der limitierende Faktor, aber auch andere Bestandteile wie z.B. die Stickstoffquelle können limitierend sein. Es wurde bereits untersucht, dass der Einsatz von Hefeextrakt und Trypton verschiedener Hersteller einen deutlichen Unterschied in der Acetonproduktion ergibt. Die Firma Evonik Degussa GmbH analysierte Trypton und Hefeextrakt der Firmen Dinkelberg, Applichem und Otto Nordwald. Hier zeigte sich, dass beim Trypton der Firma Applichem nahezu alle Aminosäuren in einem höheren Anteil vorhanden sind. Das Trypon der Firmen Otto Nordwald und Dinkelberg besitzt nahezu die gleiche Zusammensetzung. Die Analyse des Hefeextraktes zeigte, dass bei der Firma Dinkelberg alle Aminosäuren in geringerer Konzentration vorliegen als bei den Hefeextrakten der Firmen Applichem und Otto Nordwald.

4. Diskussion

Bei Wachstumsversuchen in TY-Medium mit Trypton und Hefeextrakt der Firma Dinkelberg wurde die höchste Acetonproduktion nachgewiesen. Wurde TY-Medium mit Trypton und Hefeextrakt der anderen Firmen eingesetzt, wurden geringere Konzentrationen an Aceton detektiert (May, unveröffentlicht). In der vorliegenden Arbeit wurden Trypton und Hefeextrakt der Firma Otto Nordwald eingesetzt. Das dabei produzierte Aceton war vergleichbar mit der Acetonproduktion in TY-Medium mit Trypton und Hefeextrakt der Firma Dinkelberg. Diese Ergebnisse deuten daraufhin, dass die erhöhten Aminosäurekonzentrationen sowohl im Trypton als auch im Hefeextrakt der Firma Applichem die Acetonproduktion beeinträchtigen.

Bei der Medienoptimierung wurde zudem untersucht, wie sich eine erhöhte Hefeextraktkonzentration auf die Acetonproduktion auswirkt. Dabei zeigte sich, dass ein Sättigungseffekt eintritt, wenn die Hefeextraktkonzentration 2 % erreicht. Bei höheren Konzentrationen trat eine hemmende Wirkung ein (May, unveröffentlicht).

Alle bisher erfolgten Versuche wurden im Erlenmeyerkolben im 100-ml-Maßstab durchgeführt. Um die Produktion auf den industriellen Standard umzustellen, erfolgen Fermenterversuche durch die Evonik Degussa GmbH. Bei der industriellen Produktion wird das produzierte Aceton vollständig aufgefangen, wozu das sogenannte "*stripping*" angewandt wird. Dabei wird auch das Aceton adsorbiert, das in Schüttelkolbenexperimenten verdampft.

4.6 Acetonproduktion in Acetogenen

Bisher werden für die biotechnologische ABE-Fermentation Nutzpflanzen als Substrat eingesetzt. Es werden Getreide wie Mais, Melassen oder auch Süßkartoffeln verwendet (Ezeji *et al.*, 2005). Der Preis dieser Substrate war lange Zeit stabil, ist aber in den letzten Jahren rapide gestiegen (Falksohn *et al.*, 2008). Die Konsequenz daraus sind neben der Verteuerung der ABE-Produktion auch die Gefahr einer Nahrungsmittelknappheit in Entwicklungsländern. Demnach sollten in der Zukunft alternative Substrate eingesetzt werden. Einige Mikroorganismen, sogenannte acetogene Organismen (Drake *et al.*, 2006; Drake, 1994), sind in der Lage, autotroph auf gasförmigen Substraten wie Kohlendioxid und Wasserstoff oder Kohlenmonoxid zu wachsen (Wood, 1991). Acetogene sind obligat anaerob und nutzen CO_2 als terminalen Elektronenakzeptor (Fischer *et al.*, 1932). Über den sogenannten Wood-Ljungdahl-Weg (Abb. 38; Ljungdahl, 1986), auch "reduktiver Acetyl-CoA-Weg" genannt, können einfache C_1-Körper wie Kohlenmonoxid, Kohlendioxid, Methanol oder Formiat (Diekert und Wolfarth, 1994) über das zentrale Intermediat Acetyl-CoA zu Acetat umgewandelt werden. Daneben können auch Alkohole, Aldehyde, Carbonsäuren sowie zahlreiche Hexosen als Kohlenstoff-Quelle genutzt werden. Neben

4. Diskussion

der Energiegewinnung durch die Bildung von Acetat (Katabolismus) erfolgt die Bildung von Zellmasse im Anabolismus. Als Substrate sind CO oder CO_2 und H_2 hervorzuheben, da sie preiswert aus Kohle, Rohöl, Erdgas oder Hausmüll gewonnen werden können (Weißermel und Arpe, 2003).

Clostridium aceticum wurde als erstes acetogenes Bakterium 1936 isoliert und charakterisiert (Wieringa, 1936; 1940). Der Organismus ging verloren und *Moorella thermoacetica* (ursprünglich *Clostridium thermoaceticum*; Fontaine et al., 1942) wurde zum Modellorganismus der Acetogenen. Als weiterer acetogener Organismus wurde *Acetobacterium woodii* isoliert (Balch et al., 1977), bevor Gottschalk ein Röhrchen mit dem Originalstamm von *C. aceticum* entdeckte und den Organismus reaktivieren konnte (Adamse, 1980; Braun et al., 1981). Gegenwärtig zählen 21 Gattungen zu den Acetogenen (Imkamp und Müller, 2007; Drake et al., 2006), darunter auch einige Clostridien (Drake und Küsel, 2005; Drake et al., 2008). Durch die Fähigkeit, CO_2 als Substrat nutzen zu können, bieten diese Organismen eine interessante Alternative zu Nutzpflanzen und bieten eine neue Strategie zur Verminderung des klimaschädlichen Kohlendioxids.

Aufgrund der Verwandtschaft der Acetogenen *Clostridium aceticum*, *Clostridium carboxidivorans* (Liou et al., 2005) und *Clostridium ljungdahlii* (Tanner et al., 1993) zu *C. acetobutylicum* sollten die Aceton-Synthese-Gene aus *C. acetobutylicum* in die acetogenen Organismen eingebracht und exprimiert werden. Ein so gentechnisch veränderter Stamm könnte folglich aus CO_2 als Substrat Aceton produzieren. Dies soll ausgehend von Acetyl-CoA erfolgen, welches sowohl das Hauptintermediat des Wood-Ljungdahl-Weges als auch das Ausgangsintermediat für die Aceton-Bildung in *C. acetobutylicum* darstellt. Von *C. ljungdahlii* liegt seit kurzem die Genomsequenz vor (Göttingen Genomics Laboratory, Georg-August-Universität Göttingen, Göttingen), von *C. aceticum* und *C. carboxidivorans* dagegen sind noch keine Sequenzen veröffentlicht. Es ist allerdings bekannt, dass *C. aceticum* ein 5,6-kBp-großes Plasmid trägt (pCA1; Lee et al., 1987).

Um die notwendigen Gene für die Acetonproduktion in Acetogene einbringen zu können, wurden die Gene in den Vektor pIMP1 kloniert. Der Vektor pIMP1 ist eine Fusion, bestehend aus dem *E. coli* Klonierungsvektor pUC18 und dem *B. subtilis* Vektor pIM13 (Mermelstein et al., 1992). Durch zwei Replikationsursprünge wird die Replikation in *E. coli* und *C. acetobutylicum* ermöglicht. Zudem wird durch Resistenzkassetten die Selektion mit Ampicillin bzw. Clarithromycin möglich. Die Kopienzahl von pIMP1 beträgt in *C. acetobutylicum* 6-8 Kopien pro Zelle (Lee et al., 1993).

4. Diskussion

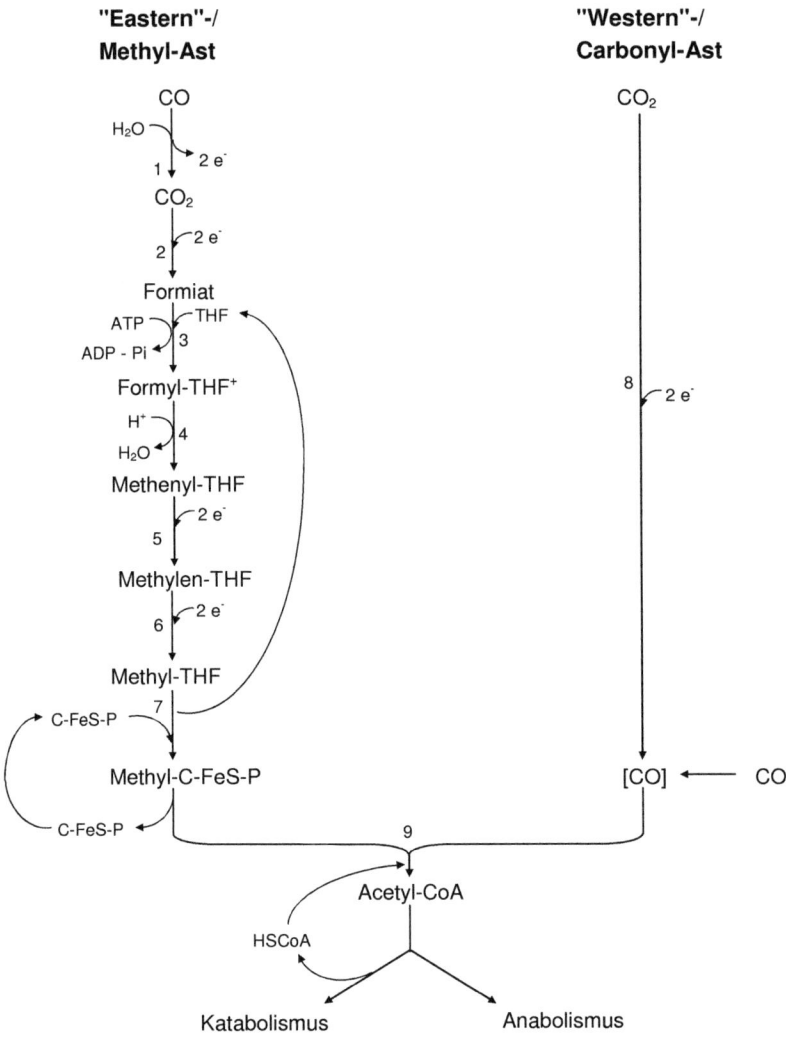

Abb. 38: Schematische Darstellung des Wood-Ljungdahl-Wegs (Müller, 2003; mod.)
1: CO-Dehydrogenase; 2: Formiat-Dehydrogenase; 3: Formyl-THF-Synthetase; 4: Methenyl-THF-Cyclohydrolase; 5: Methylen-THF-Dehydrogenase; 6: Methylen-THF-Reduktase; 7: Methyltransferase; 8, 9: CO-Dehydrogenase/Acetyl-CoA-Synthase

4. Diskussion

Das konstruierte Plasmid pIMP_adc_ctfAB_thlA sollte nach Konstruktion in *E. coli* XL2-Blue über Konjugation oder Elektroporation in die acetogenen Organismen eingebracht werden. Da für diese Organismen keine Konjugationsprotokolle etabliert sind, kam das von Purdy *et al.* (2002) publizierte Konjugationsprotokoll für *Clostridium sporogenes* zum Einsatz. Zur Etablierung des Protokolls wurde *E. coli* CA434 mit den Vektoren pIMPoriTori bzw. pMTL007 als Donorstamm herangezogen. Üblicherweise erfolgt die Inkubation einer Mischung aus Donor- und Akzeptorstamm auf Festmedium. Nach rund vier Stunden wird diese Mischung abgewaschen und auf selektiven Agarplatten ausplattiert. Alternativ wurden die Mischung aus Donor- und Akzeptorstamm in einem Hungate-Röhrchen für mehrere Stunden inkubiert und anschließend 5 ml selektives Medium zugegeben. Nach der Konjugation konnte im Fall beider Methoden nach drei bis fünf Tagen ein Wachstum verzeichnet werden, allerdings wurde nach einer weiteren Überführung in selektives Medium kein Wachstum mehr beobachtet. Dies könnte darauf zurückzuführen sein, dass diese Organismen nach 48 bzw. 72 Stunden in neues Medium überführt werden müssen, um ein Überleben und ein weiteres Wachstum zu gewährleisten. Nach der Konjugation aber konnte erst nach 72 bis 120 Stunden ein Wachstum beobachtet werden. Um das Überleben der Organismen zu gewährleisten, war diese Inkubationszeit zu lange. Um mit dem Plasmid pIMP_adc_ctfAB_thlA überhaupt eine Konjugation durchführen zu können, müsste der "orgin of transfer" (*oriT-traJ*) eingebracht werden.

Bei der Elektroporation wurden auch die Organismen *C. aceticum*, *C. carboxidivorans* und *C. ljungdahlii* eingesetzt. Im Gegensatz zu *C. aceticum* und *C. carboxidivorans* ist für *C. ljungdahlii* seit kurzem ein Transformationsprotokoll publiziert (Köpke, 2009). Neben diesem Protokoll wurden Transformationsprotokolle verschiedener Clostridien und acetogener Organismen wie *A. woodii, C. acetobutylicum, C. perfringens* oder *C. tyrobutyricum* getestet und Modifikationen vorgenommen. Letztendlich konnte für *C. aceticum* ein Transformationsprotokoll basierend auf dem Protokoll von Köpke (2009, mod. nach Straub und Wensche, unveröffentlicht) etabliert werden. Nach Transformation erfolgte die Plasmidisolation mit anschließender PCR auf die Aceton-Synthese-Gene. Üblicherweise kommt auch ein Restriktionsverdau zum Einsatz. Da *C. aceticum* natürlicherweise das Plasmid pCA1 besitzt (Lee *et al.*, 1987), dessen Sequenz unbekannt ist, würde jedoch ein Restriktionsverdau ein unspezifisches Bandenmuster zur Folge haben. Anschließende Wachstumsversuche zeigten, dass *C. aceticum* pIMP_adc_ctfAB_thlA mit Fructose als Kohlenstoffquelle während des gesamten Wachstums Aceton produziert. Dabei stieg die Acetonproduktion während der exponentiellen Wachstumsphase an und blieb in der stationären Wachstumsphase nahezu konstant. *C. aceticum* pIMP_adc_ctfAB_thlA mit 80 % H_2 und 20 % CO_2 als Kohlenstoffquelle konnte trotz geringen Wachstums stetig Aceton produzieren. Dabei wurden höhere Konzentrationen (0,24 mM) als mit Fructose als Kohlenstoffquelle (0,18 mM) erreicht (Abb. 34; 35).

4. Diskussion

Es ist bekannt, dass Clostridien über sequenzspezifische Restriktionssysteme verfügen, die Fremd-DNA degradieren, sofern diese nicht durch Methylierung geschützt ist. Deshalb erfolgt derzeit die *in vivo* Methylierung von zu transformierenden Plasmiden durch eine Methyltransferase aus dem *Bacillus subtilis*-Phagen Φ3T (Tran-Betcke *et al.*, 1986; Noyer-Weidner *et al.*, 1985, Noyer-Weidner *et al.*, 1983), die auf dem Plasmid pANS1 (Böhringer, 2002) kodiert ist. Auch *C. ljungdahlii* besitzt ein sequenzspezifisches Restriktionssystem. Durch vergleichende Analysen konnte die Sequenz der Methyltransferase von *C. ljungdahlii* identifiziert werden und wurde in den Vektor pACYC184 (Chang und Cohen, 1978) kloniert (pMClj). pMClj beinhaltet den p15A "origin of replication", der die Koexistenz mit Plasmiden mit einem ColE1-Replikationsursprung erlaubt. Durch die auf dem Plasmid pMClj lokalisierte Methyltransferase kann eine *in vivo* Methylierung erfolgen. Die bisher eingesetzte Methyltransferase methyliert das innenliegende Cytosin der Sequenz 5'-GGCC-3' und 5'-GCNGC-3' (Balganesh *et al.*, 1987). Die Sequenz, an der die Methyltransferase von *C. ljungdahlii* methyliert, ist noch nicht untersucht. Die Methyltransferase von *C. ljungdahlii* stellt eine weitere Möglichkeit zur *in vivo* Methylierung dar, wodurch die Transformationseffizienz erhöht bzw. die Transformation für andere Organismen etabliert werden könnte.

Um ein Transformationsprotokoll zu etablieren, könnte zudem eine Modifikation an den einzubringenden Plasmiden vorgenommen werden. 2008 publizierten Serfiotis-Mitsa *et al.*, dass das Gen *orf18*, welches auf dem Transposon Tn*916* von *Enterococcus faecalis* liegt, für ein putatives ArdA-Protein kodiert. ArdA ist verantwortlich für die Immunität des Transposons gegenüber DNA-Restriktions- und Modifikations- (R/M) Systemen, indem es alle Typ I Restriktions- und Modifikationsenzyme hemmt. So könnte, durch Einbringen von *orf18* in die zu übertragenden Plasmide, eine Immunität gegenüber den sequenzspezifischen Restriktionssystemen erreicht werden.

4.7 Expression von *thlA* und *ctfAB* bzw. *thlA* und *atoDA* in *C. acetobutylicum*

Um die Auswirkung einer Überproduktion von ThlA und CtfAB in *C. acetobutylicum* zu untersuchen, wurden die dafür kodierenden Gene in den "shuttle"-Vektor pIMP1 kloniert und der *thlA*-Promoter eingesetzt. Zudem wurden anstelle der Gene *ctfAB* aus *C. acetobutylicum* die Gene *atoDA* aus *E. coli* (AtoDA; Jenkins und Nunn, 1987) eingesetzt. Nach der Konstruktion der Plasmide in *E. coli* XL2-Blue und Einbringen in *C. acetobutylicum* wurden nach Wachstumsversuchen im Vergleich zu *C. acetobutylicum* pIMP1 höhere Acetonkonzentrationen nachgewiesen. Auch die Konzentration an Acetat war leicht erhöht, die Butanolkonzentrationen nahezu gleich. Dagegen wurden geringere

4. Diskussion

Konzentrationen an Acetoin und Butyrat gemessen. *C. acetobutylicum* pIMP_ctfAB_thlA$_{Pro}$ zeigte im Vergleich zu *C. acetobutylicum* pIMP_atoDA_thlA$_{Pro}$ erhöhte Konzentrationen an Acetoin und Butyrat, aber niedrigere Butanol-, Acetat- und Ethanolkonzentrationen. Durch die eingebrachten Plasmide pIMP_ctfAB_thlA$_{Pro}$ und pIMP_atoDA_thlA$_{Pro}$ müsste eine Überproduktion von Acetacetat erfolgen. Da in *C. acetobutylicum* aus Acetacetat Aceton katalysiert wird, erklärt dies die erhöhte Acetonkonzentration. Auf Grund des verschobenen Produktspektrums in Richtung Aceton werden die anderen Produkte in geringerer Konzentration gebildet.

5 a. Zusammenfassung

1. Aus den Genen *thlA, ctfA, ctfB* und *adc* aus *C. acetobutylicum* wurde ein Aceton-Synthese-Operon in den Vektoren pUC18, pEKEx-2 und pIMP1 generiert.

2. Alternative Aceton-Synthese-Wege wurden konstruiert durch den Austausch des Acetacetat-synthetisierenden Enzyms CtfAB gegen AtoDA aus *E. coli*, TEII aus *B. subtilis* bzw. YbgC aus *H. influenzae*, wobei *thlA* und *adc* weiterhin aus *C. acetobutylicum* stammen. Während CtfAB wie AtoDA als heterotetrameres Enzym aktiv sind und das Coenzym A auf ein Akzeptormolekül übertragen, spalten die Monomere TEII und YbgC das Coenzym A ab.

3. *E. coli* sp. wurde durch die plasmidbasierten Aceton-Synthese-Operone die Fähigkeit zur Acetonproduktion verliehen.

4. *E. coli* WL3 pEKEx_adc_atoDA_thlA ist der produktionsstärkste Stamm. Die detektierten Konzentrationen von 120 mM Aceton konnten durch eine veränderte Inkubationstemperatur von 37 °C auf 30 °C um 20 % gesteigert werden. Durch die Zugabe von Magnesiumsulfat konnte die Acetonproduktion um weitere 60 % auf ca. 218 mM bei 37 °C bzw. auf 230 mM Aceton bei 30 °C angehoben werden.

5. *C. glutamicum* ist trotz eingebrachter plasmidbasierter Aceton-Synthese-Gene nicht in der Lage, Aceton aus Glucose zu bilden.

6. Es wurde eine *C. glutamicum gltA*-Deletionsmutante konstruiert, um den intrazellulären Acetyl-CoA-Pool zu erhöhen.

7. *C. glutamicum* ΔgltA wurde durch die plasmidbasierten Aceton-Synthese-Operone befähigt, Aceton zu produzieren.

8. *C. glutamicum* ΔgltA pEKEx_adc_ctfAB_thlA produzierte rund 32 mM Aceton. Durch physiologische Optimierung konnte die Acetonkonzentration auf rund 70 mM bzw. knapp 100 mM Aceton angehoben werden. *C. glutamicum* ΔgltA pEKEx_adc_atoDA_thlA produzierte maximal 52 mM Aceton, *C. glutamicum* ΔgltA pEKEx_adc_teII_thlA rund 66 mM Aceton und *C. glutamicum* ΔgltA pEKEx_adc_ybgC_thlA produzierte maximal 2 mM Aceton.

5 a. Zusammenfassung

9. Es konnte ein Transformationsprotokoll für *C. aceticum* etabliert werden.

10. *C. aceticum* pIMP_adc_ctfAB_thlA ist in der Lage, aus den Kohlenstoff- und Energiequellen Fructose oder CO_2 und H_2 Aceton zu produzieren.

11. Das Einbringen der Plasmide pIMP_ctfAB_thlA bzw. pIMP_atoDA_thlA in *C. acetobutylicum* verschiebt das Produktspektrum in Richtung Aceton.

5 b. Summary

1. An artificial acetone synthesis operon was generated in the vectors pUC18, pEKEx-2 and pIMP1 consisting of the genes *thlA, ctfAB,* and *adc* from *C. acetobutylicum*.

2. Alternative acetone pathways were created by replacing the acetoacetate synthesizing enzyme CtfAB by AtoDA from *E. coli*, TEII from *B. subtilis*, or YbgC from *H. influenzae*. The acetone synthesis operon still contains *thlA* and *adc* from *C. acetobutylicum*. CtfAB and AtoDA are active as heterotetrameric enzymes and transfer the coenzyme A to an acceptor molecule, while TEII and YbgC cleave off the coenzyme A as monomers.

3. *E. coli* sp. were able to produce acetone by the plasmid based acetone synthesis operons.

4. *E. coli* WL3 pEKEx_adc_atoDA_thlA is the most efficient strain. The detected concentrations of 120 mM acetone could be increased up to 20 % by changing the incubation temperature from 37 °C to 30 °C. After the addition of magnesium sulfate, the acetone production was increased up to 60 % to 218 mM at 37 ° C and to 230 mM acetone at 30 ° C, respectively.

5. *C. glutamicum* is not able to produce acetone by the plasmid based acetone synthesis genes.

6. A *C. glutamicum gltA* deletion mutant was constructed to increase the intracellular acetyl-CoA pool.

7. *C. glutamicum* ΔgltA is able to produce acetone by the plasmide based acetone synthesis operons.

8. *C. glutamicum* ΔgltA pEKEx_adc_ctfAB_thlA produced approximately 32 mM acetone and this could be increased by physiological optimization to 70 mM and 100 mM acetone, respectively. *C. glutamicum* ΔgltA pEKEx_adc_atoDA_thlA produced maximal 52 mM, *C. glutamicum* ΔgltA pEKEx_adc_teII_thlA approximately 66 mM acetone, and *C. glutamicum* ΔgltA pEKEx_adc_ybgC_thlA produced 2 mM acetone.

9. A transformation protocol for *C. aceticum* was established.

5 b. Summary

10. *C. aceticum* pIMP_adc_ctfAB_thlA is able to produce acetone with fructose or CO_2 and H_2 as carbon and energy source.

11. The production range shifted towards acetone by introducing pIMP_ctfAB_thlA and pIMP_atoDA_thlA in *C. acetobutylicum*.

6. Literatur

Adamse, A.D. 1980. New isolation of *Clostridium aceticum* (Wieringa). Antonie van Leeuwenhoek **46:** 523 - 531

Allen, S.P., und H.P. Blaschek. 1988. Electroporation-induced transformation of intact cells of *Clostridium perfringens*. Applied and Environmental Microbiology **54:** 2322 - 2324

Arndt, A., und B.J. Eikmanns. 2007. The alcohol dehydrogenase gene *adhA* in *Corynebacterium glutamicum* is subject to carbon catabolite repression. Journal of Bacteriology **189:** 7408 - 7416

Ausubel, F.M., R. Brent, R.E. Kingston, D.D. Moore, J.G. Seidman, J.A. Smith und K. Struhl. 1987. Current protocols in molecular biology. Vol. 1. John Wiley & Sons, Inc., Hoboken (USA)

Bachmann, B.J. 1990. Linkage map of *Escherichia coli* K-12. Microbiology Reviews **54:** 130 - 197

Baer, S.H., H.P. Blaschek und T.L. Smith. 1987. Effect of butanol challenge and temperature on lipid composition and membrane fluidity of butanol-tolerant *Clostridium acetobutylicum*. Applied and Environmental Microbiology **53:** 2854 - 2861

Baer, S.H., D.L. Bryant und H.P. Blaschek. 1989. Electron spin resonance analysis of the effect of butanol on the membrane fluidity of intact cells of *Clostridium acetobutylicum*. Applied and Environmental Microbiology **55:** 2729 - 2731

Balch, W.E., S. Schoberth, R.S. Tanner und R.S. Wolfe. 1977. *Acetobacterium*, a new genus of hydrogen-oxidizing, carbon-dioxide-reducing, anaerobic bacteria. International Journal of Systematic Bacteriology **27:** 355 - 361

Balganesh, T.S., L. Reiners, R. Lauster, M. Noyer-Weidner, K. Wilke und T.A. Trautner. 1987. Construction and use of chimeric SPR/Φ3T DNA methyltransferases in the definition of sequence recognizing enzyme regions. EMBO Journal Online **6:** 3543 - 3549

Bergmeyer, H.U. 1974. Methoden der enzymatischen Analyse. 3. Aufl. Verlag Chemie, Weinheim

6. Literatur

Berlyn, M.K.B. 1998. Linkage Map of *Escherichia coli* K-12: The Traditional Map. Microbiology and Molecular Biology Reviews **62**: 814 - 984

Bermejo, L.L., N.E. Welker und E.T. Papoutsakis. 1998. Expression of *Clostridium acetobutylicum* ATCC 824 genes in *Escherichia coli* for acetone production and acetate detoxification. Applied and Environmental Microbiology **64**: 1079 - 1085

Bertram, J., und P. Dürre. 1989. Conjugal transfer and expression of streptococcal transposons in *Clostridium acetobutylicum*. Archives of Microbiology **142**: 1273 - 1279

de Boer, H.A., L.J. Comstock und M. Vasser. 1983. The *tac* promoter: a functional hybrid derived from the *trp* and *lac* promoters. Proceedings of the National Academy of Sciences USA **80**: 21 - 25

Böhringer, M. 2002. Molekularbiologische und enzymatische Untersuchungen zur Regulation des Gens der Acetacetat-Decarboxylase von *Clostridium acetobutylicum*. Dissertation, Universität Ulm.

Borden, J.R., und E.T. Papoutsakis. 2007. Dynamics of genomic-library enrichment and identification of solvent tolerance genes for *Clostridium acetobutylicum*. Applied and Environmental Microbiology **73**: 3061 - 3068

Bourzat, J.D. 2003. L'histoire de l'acétone à l'aube de la chimie organique. L' Actualité Chimique **262**: 36 - 39

Bowles, L.K., und W.I. Ellefson. 1985. Effects of butanol on *Clostridium acetobutylicum*. Applied and Environmental Microbiology **50**: 1165 - 1170

Bramucci, M.G., und V. Nagarajan. 1996. Direct selection of cloned DNA in *Bacillus subtilis* based on sucrose-induced lethality. Applied and Environmental Microbiology **62**: 3948 - 3953

Braun, M., F. Mayer und G. Gottschalk. 1981. *Clostridium aceticum* (Wieringa), a microorganism producing acetic acid from molecular hydrogen and carbon dioxide. Archives of Microbiology **128**: 288 - 293

Carbone, A., A. Zinovyev und F. Képès. 2003. Codon adaptation index as a measure of dominating codon bias. Bioinformatics **19**: 2005 - 2015

6. Literatur

Chang, A.C.Y., und S.N. Cohen. 1978. Construction and characterization of amplifiable multicopy DNA cloning vehicles derived from the P15A cryptic miniplasmid. Journal of Bacteriology **134**: 1141 - 1156

Chiao, J.-S., und Z.-H. Sun. 2007. History of the acetone-butanol-ethanol fermentation industry in china: development of continuous production technology. Journal of Molecular Microbiology and Biotechnology **13**: 12 - 14

Cho, S., S. Scharpf, M. Franko und C.W. Vermeulen. 1985. Effect of iso-propyl-thio-beta-D-galactoside concentration on the level of *lac*-operon induction in steady state *Escherichia coli*. Biochemical and Biophysical Research Communications. **128**: 1268 - 1273

Claes, W.A., A. Pühler und J. Kalinowski. 2002. Identification of two *prpDBC* gene clusters in *Corynebacterium glutamicum* and their involvement in propionate degradation via the 2-methylcitrate cycle. Journal of Bacteriology **184**: 2728 - 2739

Cocaign, M., C. Monnet und N.D. Lindley. 1993. Batch kinetics of *Corynebacterium glutamicum* during growth on various carbon substrates: use of substrate mixtures to localize metabolic bottlenecks. Applied Microbiology and Biotechnology **40**: 526 - 530

Cornillot, E., R.V. Nair, E.T. Papoutsakis und P. Soucaille. 1997. The genes for butanol and acetone formation in *Clostridium acetobutylicum* ATCC 824 reside on a large plasmid whose loss leads to degeneration of the strain. Journal of Bacteriology **179**: 5442 - 5447

Danner, H., und R. Braun. 1999. Biotechnology for the production of commodity chemicals for biomass. The Royal Society of Chemistry **28**: 395 - 405

Diekert, G., und G. Wolfarth. 1994. Energetics of acetogenesis from C1 units. In: H.L. Drake (Hrsg.), Acetogenesis. Chapman & Hall, New York (USA): 157 - 179

Dolinski, K., S. Muir, M. Cardenas und J. Heitmann. 1997. All cyclophilins and FK506 binding proteins are, individually and collectiely, dispensible for viability in *Saccharomyces cerevisiae*. Proceedings of the National Academy of Sciences USA **94**: 13093 - 13098

Dominguez, H., M. Cocaign-Bousquet und N.D. Lindley. 1997. Simultaneous consumption of glucose and fructose from sugar mictures during batch growth of *Corynebacterium glutamicum*. Applied Microbiology and Biotechnology **47**: 600 - 603

6. Literatur

Donaldson, G.K., L.L. Huang, L.A. Maggio-Hall, V. Nagarajan, C.E. Nakamura und W. Suh. 2007. Fermentative production of four carbon alcohols. Int. Patent WO2007/041269

Dower, W.J., J.F. Miller und C.W. Ragsdale. 1988. High efficiency transformation of *E. coli* by high voltage electroporation. Nucleic Acids Research **16:** 6127 - 6145

Drake, H.L. 1994. Acetogenesis, acetogenic bacteria, and the acetyl-CoA "Wood/Ljungdahl" pathway: past and current perspectives. In: H.L. Drake (Hrsg.), Acetogenesis. Chapman & Hall, New York (USA): 3 - 60

Drake, H.L., und K. Küsel. 2005. Acetogenic clostridia. In: P. Dürre (Hrsg.), Handbook on Clostridia. CRC Press, Taylor & Francis Group, Boca Raton (USA): 719 - 746

Drake, H.L., K. Küsel und C. Matthies. 2006. Acetogenic prokaryotes. In: M. Dworkin, S. Falkow, E. Rosenberg, K.-H. Schleifer und E. Stackebrandt (Hrsg.), The Prokaryotes, 3. Aufl., Vol. 2. Springer, New York (USA): 354 - 420

Drake, H.L., A.S. Gossner und S.L. Daniel. 2008. Old acetogens, new light. Annals of the New York Academy of Sciences **1125:** 100 - 128

Drummond, G.I., und J.R. Stern. 1960. Enzymes of ketone body metabolism. II. Properties of an acetoacetate-synthesizing enzyme prepared from ox liver. The Journal of Biological Chemistry **235:** 318 - 325

Dürre, P. 1998. New insights and novel developments in clostridial acetone/butanol/isopropanol fermentation. Applied Microbiology and Biotechnology **49:** 639 - 648

Dürre, P. 2005. Formation of solvents in Clostridia. In: P. Dürre (Hrsg.), Handbook on Clostridia. CRC Press Taylor & Francis Group, Boca Raton (USA): 673 - 695

Dürre, P., und H. Bahl. 1996. Microbial production of acetone/butanol/isopropanol. In: M. Roehr (Hrsg.), Biotechnology. 2. Ed, Vol. 6. Wiley-VCH Verlag GmbH & Co. KGaA, Weinheim: 229 - 268

Dürre, P., H. Bahl und G. Gottschalk. 1992. Die Aceton-Butanol-Gärung: Grundlage für einen modernen biotechnologischen Prozeß? Chemie - Ingenieur - Technik **64:** 491 - 498

6. Literatur

Eikmanns, B.J. 1992. Identification, sequence analysis, and expression of a *Corynebacterium glutamicum* gene cluster encoding the three glycolytic enzymes glyceraldehyde-3-phosphate dehydrogenase, 3-phosphoglycerate kinase, and triosephosphate isomerase. Journal of Bacteriology **174:** 6076 - 6086

Eikmanns, B.J., N. Thum-Schmitz, L. Eggeling, K. Lüdtke und H. Sahm. 1994. Nucleotide sequence, expression, and transcriptional analysis of the *Corynebacterium glutamicum gltA* gene encoding citrate synthase. Microbiology **140:** 1817 - 1828

Ellman, G.L. 1959. Tissue sulfhydryl groups. Archives of Biochemistry and Biophysics **82:** 70 - 77

Ezeji, T.C., N. Qureshi und H.P. Blaschek. 2005. Industrially relevant fermentations. In: P. Dürre (Hrsg.), Handbook on Clostridia. CRC Press, Taylor & Francis Group, Boca Raton (USA): 797 - 812

Falksohn, R., A. El Ahl, J. Glüsing, A. Jung, P. Rao, T. Thielke, V. Windfuhr und B. Zand. 2008. Die Wut der Armen. Der Spiegel **16/2008:** 114 - 116

Fernbach, A., und E.H. Strange. 1911a. Improvements in the manufacture of products of fermentation. Br. Patent 15203

Fernbach, A., und E.H. Strange. 1911b. Improvements in the manufacture of higher alcohols. Br. Patent 15204

Fernbach, A., und E.H. Strange. 1912. Improvements connected with fermentation processes for the production of acetone, and higher alcohols, from starch, sugars, and other carbohydrate materials. Br. Patent 21073

Fischer, F., R. Lieske und K. Winzer. 1932. Biologische Gasreaktionen. II. Über die Bildung von Essigsäure bei der biologischen Umsetzung von Kohlenoxyd und Kohlensäure zu Methan. Biochemica **245:** 2 - 12

Fischer, R.J., J. Helms und P. Dürre. 1993. Cloning, sequencing, and molecular analysis of the *sol* operon of *Clostridium acetobutylicum*, a chromosomal locus involved in solventogenesis. Journal of Bacteriology **175:** 6959 - 6969

6. Literatur

Fontaine, F.E., W.H. Peterson, E. McCoy, M.J. Johnson und G.J. Ritter. 1942. A new type of glucose fermentation by *Clostridium thermoaceticum*. Journal of Bacteriology **43**: 701 - 715

Fridovich, J. 1972. Acetoacetate decarboxylase. In: P.D. Boyer (Hrsg.), The Enzymes, 3. Aufl., Vol. 6. Academic Press, Inc., Orlando (USA): 255 - 270

Frunzke, J., V. Engels, S. Hasenbein, C. Gätgens und M. Bott. 2008. Co-ordinated regulation of gluconate catabolism and glucose uptake in *Corynebacterium glutamicum* by two functionally equivalent transcriptional regulators, GntR1 and GntR2. Molecular Microbiology **67**: 305 - 322

Fuhrmann, M., A. Hausher, L. Ferbitz, T. Schödl, M. Heitzer und P. Hegemann. 2005. Monitoring dynamic expression of nuclear genes in *Chlamydomonas reinhardtii* by using a synthetic luciferase reporter gene. Plant Molecular Biology **55**: 869 - 881

Gabriel, C.L. 1928. Butanol fermentation process. Industrial and Engineering Chemistry **20**: 1063 - 1067

Gabriel, C.L., und F.M. Crawford. 1930. Development of the butyl-acetonic fermentation industry. Industrial and Engineering Chemistry **30**: 1163 - 1165

George, H.A., J.L. Johnson, W.E.C. Moore, L.V. Holdeman und J.S. Chen. 1983. Acetone, isopropanol, and butanol production by *Clostridium beijerinckii* (syn. *Clostridium butylicum*) and *Clostridium aurantibutyricum*. Applied and Environmental Microbiology **45**: 1160 - 1163

Gerischer, U., und P. Dürre. 1990. Cloning, sequencing, and molecular analysis of the acetoacetate decarboxylase gene region from *Clostridium acetobutylicum*. Journal of Bacteriology **172**: 6907 - 6918

Gherna, R.L. 1994. Culture preservation. In: P. Gerhardt, R.G.E. Murray, W.A. Wood und N.R. Krieg (Hrsg.), Methods for general and molecular bacteriology. American Society for Microbiology. Washington DC (USA): 278 - 292

Graves, M.C., und J.C. Rabinowitz. 1986. In vivo and in vitro transcription of the *Clostridium pasteurianum* ferredoxin gene. The Journal of Biological Chemistry **261**: 11409 - 11415

6. Literatur

Grote, A., K. Hiller, M. Scheer, R. Munch, B. Nortemann, D.C. Hempel und D. Jahn. 2005. JCat: a novel tool to adapt codon usage of a target gene to its potential expression host. Nucleic Acids Research **33:** 526 - 531

Gubler, M., S.M. Park, M. Jetten, G. Stephanopoulos und A. Sinskey. 1994. Effects of phosphoenol pyruvate carboxylase deficiency on metabolism and lysine production in *Corynebacterium glutamicum*. Applied Microbiology and Biotechnology **40:** 857 - 863

Han, S.O., M. Inui und H. Yukawa. 2008. Transcription of *Corynebacterium glutamicum* genes involved in tricarboxylic acid cycle and glyoxylate cycle. Journal of Molecular Microbiology and Biotechnology **15:** 264 - 276

Hanahan, D. 1985. Techniques for transformation of *Escherichia coli*. In: D.M. Glover (Hrsg.), DNA cloning. A practical approach. Vol. 1. IRL-Pess, Oxford, Washington DC (USA): 109 - 135

Hanai, T., S. Atsumi und J.C. Liao. 2007. Engineered synthetic pathway for isopropanol production in *Escherichia coli*. Applied and Environmental Microbiology **73:** 7814 - 7818

Hani, J., B. Schelbert, A. Bernhardt, H. Domdey, G. Fischer, K. Wiebauer und J.U. Rahfeld. 1999. Mutations in a peptidylprolyl-cis/trans-isomerase gene lead to a defect in 3'-end formation of a pre-mRNA in *Saccharomyces cerevisiae*. The Journal of Biological Chemistry **274:** 108 - 116

Harris, J., R. Mulder, D.B. Kell, R.P. Walter und J.G. Morris. 1986. Solvent production by *Clostridium pasteurianum* in media of high sugar content. Biotechnology Letters **8:** 889 - 892

Hartmanis, M.G.N., und S. Gatenbeck. 1984. Intermediary metabolism in *Clostridium acetobutylicum*: levels of enzymes involved in the formation of acetate and butyrate. Applied and Environmental Microbiology **47:** 1277 - 1283

Hastings, J.H.J. 1971. Development of the fermentation industries in Great Britain. In: D. Perlman (Hrsg.), Advances in applied microbiology. Vol. 14. Academic Press, Inc., New York (USA): 1 - 45

Heap, J.T., O.J. Pennington, S.T. Cartman, G.P. Carter und N.P. Minton. 2007. The ClosTron: A universal gene knock-out system for the genus *Clostridium*. Journal of Microbiological Methods **70:** 452 - 464

6. Literatur

Holo, H., und I.F. Nes. 1989. High-frequency transformation, by electroporation, of *Lactococcus lactis* subsp. *cremoris* grown with glycine in osmotically stabilized media. Applied and Environmental Microbiology **55**: 3119 - 3123

Holt, R.A., A.J. Cairns und J.G. Morris. 1988. Production of butanol by *Clostridium puniceum* in batch and continuous culture. Applied Microbiology and Biotechnology **27**: 319 - 324

Ikeda, M., und S. Nakagawa. 2003. The *Corynebacterium glutamicum* genome: features and impacts on biotechnological processes. Applied Microbiology and Biotechnology **62**: 99 - 109

Imkamp, F., und V. Müller. 2007. Acetogenic bacteria. In: Encyclopedia of life science. John Wiley & Sons, Ltd., Hoboken (USA). DOI: 10.1002/9780470015902.a0020086

Ingram, L.O. 1976. Adaptation of membrane lipids to alcohols. Journal of Bacteriology **125**: 670 - 678

Inoue, H., H. Nojima und H. Okayama. 1990. High efficiency transformation of *Escherichia coli* with plasmids. Gene **96**: 23 - 28

Inui, M., H. Kawaguchi, S. Murakami, A.A. Vertès und H. Yukawa. 2004a. Metabolic engineering of *Corynebacterium glutamicum* for fuel ethanol production under oxygen-deprivation conditions. Journal of Molecular Microbiology and Biotechnology **8**: 243 - 253

Inui, M., S. Murakami, S. Okino, H. Kawaguchi, A.A. Vertès und H. Yukawa. 2004b. Metabolic analysis of *Corynebacterium glutamicum* during lactate and succinate productions under oxygen deprivation conditions. Journal of Molecular Microbiology and Biotechnology **7**: 182 - 196

Jenkins, L.S., und W.D. Nunn. 1987. Genetic and molecular characterization of the genes involved in short-chain fatty acid degradation in *Escherichia coli*: the *ato* system. Journal of Bacteriology **169**: 42 - 52

Jones, D.T. 2001. Applied acetone-butanol fermentation. In: H. Bahl und P. Dürre (Hrsg.), Clostridia. Biotechnology and medical applications. Wiley-VCH Verlag GmbH & Co. KGaA, Weinheim: 125 - 168

6. Literatur

Jones, D.T., und D.R. Woods. 1986. Acetone-butanol fermentation revisited. Microbiological Reviews **50:** 484 - 525

Kalinowski, J., B. Bathe, D. Bartels, N. Bischoff, M. Bott, A. Burkovski, N. Dusch, L. Eggeling, B.J. Eikmanns, L. Gaigalat, A. Goesmann, M. Hartmann, K. Huthmacher, R. Krämer, B. Linke, A.C. McHardy, F. Meyer, B. Möckel, W. Pfefferle, A. Pühler, D.A. Rey, C. Rückert, O. Rupp, H. Sahm, V.F. Wendisch, I. Wiegräbe und A. Tauch. 2003. The complete *Corynebacterium glutamicum* ATCC 13032 genome sequence and its impact on the production of L-aspartate-derived amino acids and vitamins. Journal of Biotechnology **104:** 5 - 25

Kanehisa, M., und S. Goto, 2000. KEGG: Kyoto Encyclopedia of Genes and Genomes. Nucleic Acids Research **28:** 27 - 30

Kase, H., und K. Nakayama. 1972. Production of L-threonine by analog-resistant mutants. Agricultural and Biological Chemistry **36:** 1611 - 1621

Keis S., C.F. Bennett, V.K. Ward und D.T. Jones. 1995. Taxonomy and phylogeny of industrial solvent-producing clostridia. International Journal of Systematic Bacteriology **45:** 693 - 705

Keis S., J.T. Sullivan und D.T. Jones. 2001a. Physical and genetic map of the *Clostridium saccharobutylicum* (formerly *Clostridium acetobutylicum*) NCP 262 chromosome. Microbiology **147:** 1909 - 1922

Keis S., R. Shaheen und D.T. Jones. 2001b. Emended descriptions of *Clostridium acetobutylicum* and *Clostridium beijerinckii*, and descriptions of *Clostridium saccharoperbutylacetonicum* sp. nov. and *Clostridium saccharobutylicum* sp. nov. International Journal of Systematic and Evolutionary Microbiology **51:** 2095 - 2103

Kelleher, J.E., und E.A. Raleigh. 1991. A novel activity in *Escherichia coli* K-12 that directs restriction of DNA modified at CG dinucleotides. Journal of Bacteriology **173:** 5220 - 5223

Köpke, M. 2009. Genetische Veränderung von *Clostridium ljungdahlii* zur Produktion von 1-Butanol aus Synthesegas. Dissertation, Universität Ulm

6. Literatur

Krämer, R., und C. Lambert. 1990. Uptake of glutamate in *Corynebacterium glutamicum*. 2. Evidence for a primary active transport system. European Journal of Biochemistry **194**: 937 - 944

Krouwel, P.G., W.F.M. van der Laan und N.W.F. Kossen. 1980. Continuous production of n-butanol and isopropanol by immobilized, growing *Clostridium butylicum* cells. Biotechnology Letters **2**: 253 - 258

Lazzaroni, J.C, P. Germon, M.C. Ray und A. Vianney. 1999. The Tol proteins of *Escherichia coli* and their involvement in the uptake of biomolecules and outer membrane stability. FEMS Microbiology Letters **177**: 191 - 197

Lee, C.K., P. Dürre, H. Hippe und G. Gottschalk. 1987. Screening for plasmids in the genus *Clostridium*. Archives of Microbiology **148**: 107 - 114

Lee, S.Y., L.D. Mermelstein und E.T. Papoutsakis. 1993. Determination of plasmid copy number and stability in *Clostridium acetobutylicum* ATCC 824. FEMS Microbiology Letters **108**: 319 - 324

Liebl, W. 1991. The genus *Corynebacterium*-nonmedical. In: A. Balows, H.G. Tüper, M. Dworkin, W. Harder und H.H. Schleifer (Hrsg.), The Procaryotes. Vol. 2. Springer-Verlag, New York (USA): 1157 - 1171

Liebl, W. 2005. Corynebacterial taxonomy. In: L. Eggeling und M. Bott (Hrsg.), Handbook of *Corynebacterium glutamicum*. CRC Press, Tylor & Francis Group, Boca Raton (USA): 9 - 34

Liebl, W. 2006. *Corynebacterium*-nonmedical. In: M. Dworkin, S. Falkov, E. Rosenberg, K.H. Schleifer und E. Stackebrandt (Hrsg.), The Procaryotes. A Handbook on the Biology of Bacteria: Archea, Bacteria: Firmicutes, Actinomycetes, Vol. 3. Springer-Verlag, New-York (USA): 796 - 818

Liebl, W., A. Bayerl, B. Schein, U. Stillner und K.H. Schleifer. 1989. High efficiency electroporation of intact *Corynebacterium glutamicum* cells. FEMS Microbiology Letters **65**: 299 - 304

6. Literatur

Liew, S.T., A. Arbakariya, M. Rosfarizan und A.R. Raha. 2006. Production of solvent (acetone-butanol-ethanol) in continuous fermentation by *Clostridium saccharobutylicum* DSM 13864 using gelatinised sago starch as a carbon source. Malaysian Journal of Microbiology **2:** 42 - 50

Link, A.J., D. Phillips und G.M. Church. 1997. Methods for generating precise deletions and insertions in the genome of wild-type *Escherichia coli*: application to open reading frame characterization. Journal of Bacteriology **179:** 6228 - 3627

Liou, J.S.C., D.L. Blakwill, G.R. Drake und R.S. Tanner. 2005. *Clostridium carboxidivorans* sp. nov., a solvent-producing clostridium isolated from an agricultural settling lagoon, and reclassification of the acetogen *Clostridium scatologenes* strain SL1 as *Clostridium drakei* sp. nov. International Journal of Systematic and Evolutionary Microbiology **55:** 2085 - 2091

Liu, X., Y. Zhu und S.T. Yang. 2006. Construction and characterization of *ack* deleted mutant of *Clostridium tyrobutyricum* for enhanced butyric acid and hydrogen production. Biotechnology Progress **22:** 1265 - 1275

Lloubès, R., E. Cascales, A. Walburger, E. Bouveret, C. Lazdunski, A. Bernadac und L. Journet. 2001. The Tol-Pal proteins of the *Escherichia coli* cell envelope: an energized system required for outer membrane integrity? Research in Microbiology **152:** 523 - 529

Lowry, O.H., N.J. Rosebrough, A.L. Farr und R.J. Randall. 1951. Protein measurement with the folin phenol reagent. The Journal of Biological Chemistry **193:** 265 - 275

Luli, G.W., und W.R. Strohl. 1990. Comparison of growth, acetate production, and acetate inhibition of *Escherichia coli* strains in batch and fed-batch fermentations. Applied and Environmental Microbiology **56:** 1004 - 1011

Ljungdahl, L.G. 1986. The autotrophic pathway of acetate synthesis in acetogenic bacteria. Annual Review of Microbiology **40:** 415 - 450

Manning-Krieg, U.C., R. Henriquez, F. Cammas, P. Graff, S. Gaveriaux und N.R. Movva. 1994. Purification of FKBP-70, a novel immunophilin from *Saccharomyces cerevisiae*, and cloning of its structural gene, FPR3. FEBS Letters **352:** 98 - 103

McCutchan, W.N., und R.J. Hickey. 1954. The butanol-acetone fermentations. Food and Fermentation Industries **1:** 347 - 388

McClure, W.R. 1985. Mechanism and control of transcription initiation in prokaryotes. Annual Review of Biochemistry **54**: 171 - 204

McCoy, E., E.B. Fred, W.H. Peterson und E.G. Hastings. 1926. A cultural study of the acetone butyl alcohol organism. Journal of Infectious Diseases **39**: 457 - 484

McDonald, I.R., P.W. Riley, R.J. Sharp und A.J. McCarthy. 1995. Factors affecting the electroporation of *Bacillus subtilis*. Journal of Applied Bacteriology **79**: 213 - 218

Mermelstein, L.D., N.E. Welker, G.N. Bennett und E.T. Papoutsakis. 1992. Expression of cloned homologous fermentative genes in *Clostridium acetobutylicum* ATCC 824. Bio/Technology **10**: 190 - 195

Michelsen, B.K. 1995. Transformation of *Escherichia coli* increases 260-fold upon inactivation of T4 DNA ligase. Analytical Biochemistry **225**: 172 - 174

Ming, X. 2006. Acetone capacity expands. China Chemical Reporter, Peking (China). Online: http://www.highbeam.com/doc/1G1-145926873.html

Michell, W.J. 1998. Physiology of carbohydrate to solvent conversion by Clostridia. Advances in Microbial Physiology **39**: 31 - 130

Monot, F., J.R. Martin, H. Petitdemange und R. Gay. 1982. Acetone and butanol production by *Clostridium acetobutylicum* in a synthetic medium. Applied and Environmental Microbiology **44**: 1318 - 1324

Moreira, A.R., D.C. Ulmer und J.C. Linden. 1981. Butanol toxicity in the butylic fermentation. Biotechnology & Bioengineering Symposium **11**: 567 - 579

Müller, V. 2003. Energy conservation in acetogenic bacteria. Applied and Environmental Microbiology **69**: 6345 - 6353

Nair, R.V., G.N. Bennett und E.T. Papoutsakis. 1994. Molecular characterization of an aldehyde/alcohol dehydrogenase gene from *Clostridium acetobutylicum* ATCC 824. Journal of Bacteriology **176**: 871 - 885

Nimcevic, D., und J.R. Gapes. 2000. The aceton-butanol fermentation in pilot plant and pre-industrial scale. Journal of Molecular Microbiology and Biotechnology **2**: 15 - 20

Nishimura, T., A.A. Vertès, Y. Shinoda, M. Inui und H. Yukawa. 2007. Anaerobic growth of *Corynebacterium glutamicum* using nitrate as terminal electron acceptor. Applied Microbiology and Biotechnology **75:** 889 - 897

Noack, S., M. Köpke und P. Dürre. 2009. Microbially produced fuels and other biofuels. In: J.H. Wright und D.A. Evans (Hrsg.), New research on biofuels. Nova Science Publishers, Hauppage (USA): im Druck

Nölling, J., G. Breton, M.V. Omelchenko, K.S. Makarova, Q. Zeng, R. Gibson, H.M. Lee, J. Dubois, D. Qiu, J. Hitti, GTC Sequencing Center Production, Finishing and Bioinformatics Teams, Y.I. Wolf, R.L. Tatusov, F. Sabathe, L. Doucette-Stamm, P. Soucaille, M.J. Daly, G.N. Bennett, E.V. Koonin und D.R. Smith. 2001. Genome sequence and comparative analysis of the solvent-producing bacterium *Clostridium acetobutylicum*. Journal of Bacteriology **183:** 4823 - 4838

Noyer-Weidner, M., S. Jentsch, B. Pawlek, U. Günthert und T.A. Trautner. 1983. Restriction and modification in *Bacillus subtilis*: DNA methylation potential of the related bacteriophages Z, SPR, SPβ, Φ3T, and p11. Journal of Virology **46:** 446 - 453

Noyer-Weidner, M., S. Jentsch, J. Kupsch, M. Bergbauer und T.A. Trautner. 1985. DNA methyltransferase genes of *Bacillus subtilis* phages: structural relatedness and gene expression. Gene **35:** 143 - 150

Ogata, S., und M. Hongo. 1979. Bacteriophages of the genus *Clostridium*. Advances in Applied Microbiology **25:** 241 - 273

Okino, S., R. Noburyur, M. Suda, T. Jojima, M. Inui und H. Yukawa. 2008. An efficient succinic acid production process in a metabolic engineered *Corynebacterium glutamicum* strain. Applied Microbiology and Biotechnology **81:** 459 - 464

Ounine, K., H. Petitdemange, G. Raval und R. Gay 1985. Regulation and butanol inhibition of D-xylose and D-glucose uptake in *Clostridium acetobutylicum*. Applied and Environmental Microbiology **49:** 874 - 878

van Ooyen, J., D. Emer, M. Bussmann, B.J. Eikmanns und L. Eggeling. 2009. Transcriptional control of citrate synthase gene *gltA* by RamA, RamB and GlxR in *Corynebacterium glutamicum*. Manuskript in Bearbeitung zum Einreichen bei Microbiology

6. Literatur

Pátek, M., J. Nesvera, A. Guyonvarch, O. Reyes und G. Leblon. 2003. Promoters of *Corynebacterium glutamicum*. Journal of Biotechnology **104**: 311 - 323

Petersen, D.J., und G.N. Bennett. 1991. Cloning of *Clostridium acetobutylicum* ATCC 824 acetyl coenzyme A acetyltransferase gene. Applied and Environmental Microbiology **57**: 2735 - 2741

Petersen, D.J., J.W. Cary, J. Vanderleyden und G.N. Bennett. 1993. Sequence and arrangement of genes encoding enzymes of the acetone production pathway of *Clostridium acetobutylicum* ATCC 824. Gene **123**: 93 - 97

Purdy, D., T.A.T. O'Keeffe, M. Elmore, M. Herbert, A. McLeod, M. Bokori-Brown, A. Ostrowski und N.P. Minton. 2002. Conjugative transfer of clostridial shuttle vectors from *Escherichia coli* to *Clostridium difficile* through circumvention of the restriction barrier. Molecular Microbiology **46**: 439 - 452

Radmacher, E., und L. Eggeling. 2007. The three tricarboxylate synthase activities of *Corynebacterium glutamicum* and increase of L-lysine synthesis. Applied Microbiology and Biotechnology **76**: 587 - 595

Ragsdale, S.W., und H.G. Wood. 1985. Acetate biosynthesis by acetogenic bacteria. The Journal of Biological Chemistry **260**: 3970 - 3977

Rathbun, K.M., J.E. Hall und S.A. Thompson. 2009. Cj0596 is a periplasmic peptidyl prolyl cis-trans isomerase involved in *Campylobacter jejuni* motility, invasion, and colonization. BMC Microbiology **9**: 160 - 176

Saiki, R.K., S. Scharf, F. Faloona, K.B. Mullis, G.T. Horn, H.A. Erlich und N. Arnheim. 1985. Enzymatic amplification of β-globulin genomic sequences and restriction site analysis for diagnosis of sickle cell anemia. Science **230**: 1350 - 1354

Sambrook, J., und D.W. Russell. 2001. Molecular cloning. A laboratory manual. 3. Aufl. Cold Spring Harbor Laboratory Press, Cold Spring Harbor (USA)

Sauer, U., und P. Dürre. 1995. Differential induction of genes related to solvent formation during the shift from acidogenesis to solventogenesis in continuous culture of *Clostridium acetobutylicum*. FEMS Microbiology Letters **125**: 115 - 120

6. Literatur

Schäfer, A., A. Tauch, W. Jäger, J. Kalinowski, G. Thierbach und A. Pühler. 1994. Small mobilizable multi-purpose cloning vectors derived from the *Escherichia coli* plasmids pK18 and pK19: selection of defined deletions in the chromosome of *Corynebacterium glutamicum*. Gene **145:** 69 - 73

Schardinger, F. 1904. Acetongärung. Wiener Klinische Wochenschrift **17:** 207 - 209

Schwarzer, A., und A. Pühler. 1991. Manipulation of *Corynebacterium glutamicum* by gene disruption and replacement. Bio/Technology **9:** 84 - 87

Schwarzer, D., H.D. Mootz, U. Linne und M.A. Marahiel. 2002. Regeneration of misprimed nonribosomal peptide synthetases by type II thioesterases. Proceedings of the National Academy of Science USA **99:** 14083 - 14088

Scott, P.T., und J.I. Rood. 1989. Electroporation-mediated transformation of lysostaphin-treated *Clostridium perfringens*. Gene **82:** 327 - 333

Serfiotis-Mitsa, D., G.A. Roberts, L.P. Cooper, J.H. White, M. Nutley, A. Cooper, G.W. Blakely und D.T.F. Dryden. 2008. The Orf18 gene product from conjugative transposon Tn*916* is an ArdA antirestriction protein that inhibits type I DNA restriction-modification systems. Journal of Molecular Biology **383:** 970 - 981

Sharp, P. M., und W.H. Li. 1986. Codon usage in regulatory genes in *Escherichia coli* does not reflect selection for 'rare' codons. Nucleic Acids Research **14:** 7737 - 7749

Sharp, P.M., und W.H. Li. 1987. The codon adaptation index a measure of directional synonymous codon usage bias, and its potential applications. Nucleic Acids Research **15:** 1281 - 1295

Smith, P.K., R.I. Krohn, G.T. Hermanson, A.K. Mallia, F.H. Gartner, M.D. Provenzano, E.K. Fujimoto, N.M. Goeke, B.J. Olson und D.C. Klenk. 1985. Measurement of protein using bicinchoninic acid. Analytical Biochemistry **150:** 76 - 85

Srere, P.A. 1969. Citrate synthase. Methods in Enzymology **13:** 3 - 11

Stim-Herndon, K.P., D.J. Petersen und G.N. Bennett. 1995. Characterization of an acetyl-CoA C-acetyltransferase (thiolase) gene from *Clostridium acetobutylicum* ATCC 824. Gene **154:** 81 - 85

Strätz, M., U. Sauer, A. Kuhn und P. Dürre. 1994. Plasmid transfer into the homoacetogen *Acetobacterium woodii* by electroporation and conjugation. Applied and Environmental Microbiology **60:** 1033 - 1037

Sturgis, J.N. 2001. Organisation and evolution of the *tol-pal* gene cluster. Journal of Molecular Microbiology and Biotechnology **3:**113 - 122

Terracciano, J.S., und E.R. Kashket. 1986. Intracellular conditions required for initiation of solvent production by *Clostridium acetobutylicum*. Applied and Environmental Microbiology **52:** 86 - 91

Tanner, R.S., L.M. Miller und D. Yang. 1993. *Clostridium ljungdahlii* sp. nov., an acetogenic species in clostridial rRNA homology group I. International Journal of Systematic Bacteriology **43:** 232 - 236

Thomas, P.S. 1980. Hybridization of denatured RNA and small DNA fragments transferred to nitrocellulose. Proceedings of the National Academy of Sciences USA **77:** 5201 - 5205

Thormann, K., L. Feustel, K. Lorenz, S. Nakotte und P. Dürre. 2002. Control of butanol formation in *Clostridium acetobutylicum* by transcriptional activation. Journal of Bacteriology **184:** 1966 - 1973

Thorpe, T.E. 1909. History of chemistry. Sturgis Press, Inc., Sturgis, Michigan (USA)

Tran-Betcke, A., B. Behrens, M. Noyer-Weidner und T.A. Trautner. 1986. DNA methyltransferase genes of *Bacillus subtilis* phages: comparison of their nucleotide sequences. Gene **42:** 89 - 96

Tréanton, Karen. 2009. CO_2 emissions from fuel combustion. IEA Statistics. International Energy Agency, Paris Cedex (Frankreich). Online: http://interenerstat.org/co2highlights/co2highlights.pdf

Van der Rest, M.E., C. Lange und D. Molenaar. 1999. A heat shock following electroporation induces highly efficient transformation of *Corynebacterium glutamicum* with xenogenic plasmid DNA. Applied Microbiology and Biotechnology **52:** 541 - 545

6. Literatur

Verseck, S., S. Schaffer, W. Freitag, F.G. Schmidt, M. Orschel, G. Grund, W. Schmidt, H.J. Bahl, R.J. Fischer, A. May, P. Dürre und S. Lederle. 2007. Fermentative Gewinnung von Aceton aus erneuerbaren Rohstoffen mittels neuen Stoffwechselweges. Patent DE102007052463 A1

Vieira, J., und J. Messing. 1982. The pUC plasmids, an M13mp7-derived system for insertion mutagenesis and sequencing with synthetic universal primers. Gene **19**: 259 - 268

Vollherbst-Schneck, K., J.A. Sands und B.S. Montenecourt 1984. Effect of butanol on lipid composition and fluidity of *Clostridium acetobutylicum* ATCC 824. Applied and Environmental Microbiology **47**: 193 - 194

Weisburg, W.G., S.M. Barns, D.A. Pelletier und D.J. Lane. 1991. 16S Ribosomal DNA amplification for phylogenetic study. Journal of Bacteriology **173**: 697 - 703

Weißermel, K., und H.J. Arpe. 1998. Industrielle Organische Chemie. Bedeutende Vor- und Zwischenprodukte. Wiley-VCH Verlag GmbH & Co. KGaA, Weinheim

Weißermel, K., und H.J. Arpe. 2003. Industrial organic chemistry, 4. Aufl. Wiley-VCH Verlag GmbH & Co. KGaA, Weinheim

Weiß, B., A. Jacquemin-Sablon, T.R. Live, G.C. Fareed und C.C. Richardson. 1968. Enzymatic breakage and joining of deoxyribonucleic acid. VI. Further purification and properties of polynucleotide ligase from *Escherichia coli* infected with bacteriophage T4. The Journal of Biological Chemistry **243**: 4543 - 4555

Weizmann, C. 1915. Improvements in the bacterial fermentation of carbohydrates and in bacterial cultures for the same. Br. Patent 4845

Wendisch, V.F. 2006. Genetic regulation of *Corynebacterium glutamicum* metabolism. Journal of Microbiology and Biotechnology **16**: 999 - 1009

Wendisch, V.F., M. Spies, D.J. Reinscheid, S. Schnicke, H. Sahm und B.J. Eikmanns. 1997. Regulation of acetate metabolism in *Corynebacterium glutamicum*: transcriptional control of the isocitrate lyase and malate synthase genes. Archives of Microbiology **168**: 262 - 269

6. Literatur

Wendisch, V.F., M. Bott und B.J. Eikmanns. 2006. Metabolic engineering of *Escherichia coli* and *Corynebacterium glutamicum* for biotechnological production of organic acids and amino acids. Current Opinion in Microbiology **9:** 268 - 274

Westheimer, F.H. 1969. Acetoacetate decarboxylase from *Clostridium acetobutylicum*. Methods in Enzymology **14:** 231 - 241

Wieringa, K.T. 1936. Over het verdwijnen van waterstof en koolzuur onder anaerobe voorwaarden. Antonie van Leeuwenhoek **3:** 263 - 273

Wieringa, K.T. 1940. The formation of acetic acid from carbon dioxide and hydrogen by anaerobic spore-forming bacteria. Antonie van Leeuwenhoek **6:** 251 - 262

Wiesenborn, D.P., F.B. Rudolph und E.T. Papoutsakis. 1988. Coenzyme A transferase from *Clostridium acetobutylicum* ATCC 824 and its role in the uptake of acids. Applied and Environmental Microbiology **54:** 2717 - 2722

Wiesenborn, D.P., F.B. Rudolph und E.T. Papoutsakis. 1989. Thiolase from *Clostridium acetobutylicum* ATCC 824 and its role in the synthesis of acids and solvents. Applied and Environmental Microbiology **55:** 323 - 329

Winzer, K., K. Lorenz, B. Zickner und P. Dürre. 2000. Differential regulation of two thiolase genes from *Clostridium acetobutylicum* DSM 792. Journal of Molecular Microbiology and Biotechnology **2:** 531 - 541

Wood, H.G. 1991. Life with CO or CO_2 and H_2 as a source of carbon and energy. The FASEB Journal **5:** 156 - 163.

Woodman, M.E. 2008. Direct PCR of intact bacteria (Colony PCR). In: R. Coico, T. Kowalik, J. Quarles, B. Stevenson und R. Taylor (Hrsg.), Current Protocols in Microbiology. John Wiley & Sons, Inc., Hoboken (USA). A.3D.1 - A.3D.6

Zhu, Y., X. Liu und S.T. Yang. 2005. Construction and characterization of *pta* gene-deleted mutant of *Clostridium tyrobutyricum* for enhanced butyric acid fermentation. Biotechnology and Bioengineering **90:** 154 - 166

Zhuan, B., und G. Liao. 2008. Annual production of two hundred ninety thousand tons of phenol project. Fujian Foreign Investment Service Center, Fujian (China). Online: http://www.fjfdi.com/en/cn/project.asp?job=showen&id=10278&yuyan=en

6. Literatur

Zhuanga, Z., F. Song, B.M. Martin und D. Dunaway-Mariano. 2002. The YbgC protein encoded by the *ybgC* gene of the *tol-pal* gene cluster of *Haemophilus infuenzae* catalyzes acyl-coenzyme a thioester hydrolysis. FEBS Letters **516:** 161 - 163

Zverlov, V.V., O. Berezina, G.A. Velikodvorskaya und W.H. Schwarz. 2006. Bacterial acetone and butanol production by industrial fermentation in the Soviet Union: use of hydrolyzed agricultural waste for biorefinery. Applied Microbiology and Biotechnology **71:** 587 - 597

7. Anhang

7.1 Acetonproduktion mit *E. coli* sp. pEKEx_adc_atoDA_thlA

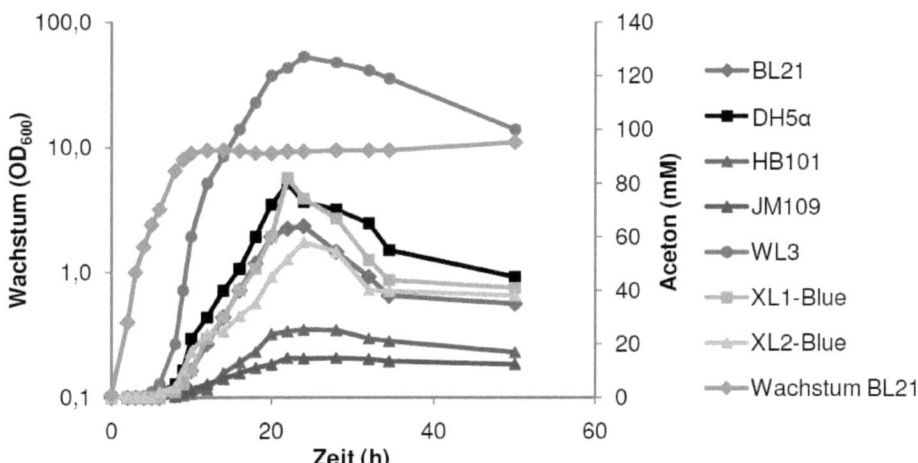

Abb. 39: Wachstum und Acetonkonzentration mit *E. coli* sp. pEKEx_adc_atoDA_thlA

7.2 Acetonproduktion mit *E. coli* sp. pEKEx_adc_tell_thlA

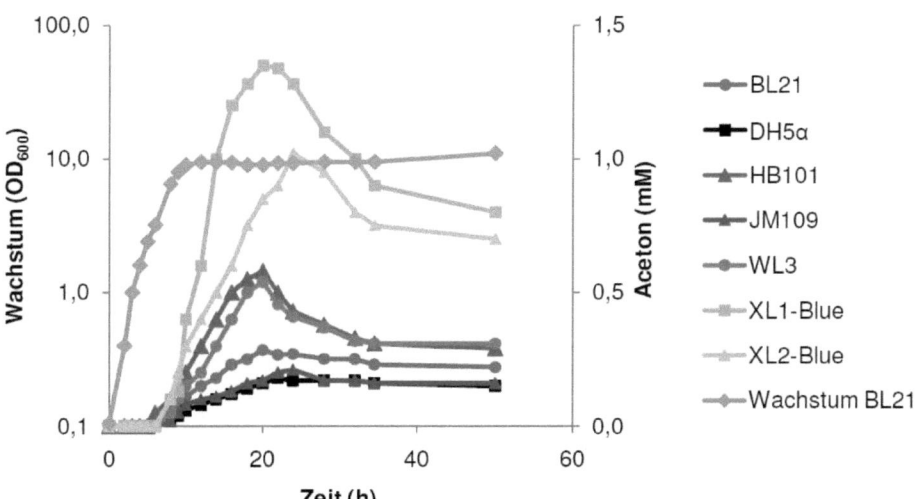

Abb. 40: Wachstum und Acetonkonzentration mit *E. coli* sp. pEKEx_adc_tell_thlA

7.3 Acetonproduktion mit *E. coli* sp. pEKEx_adc_ybgC_thlA

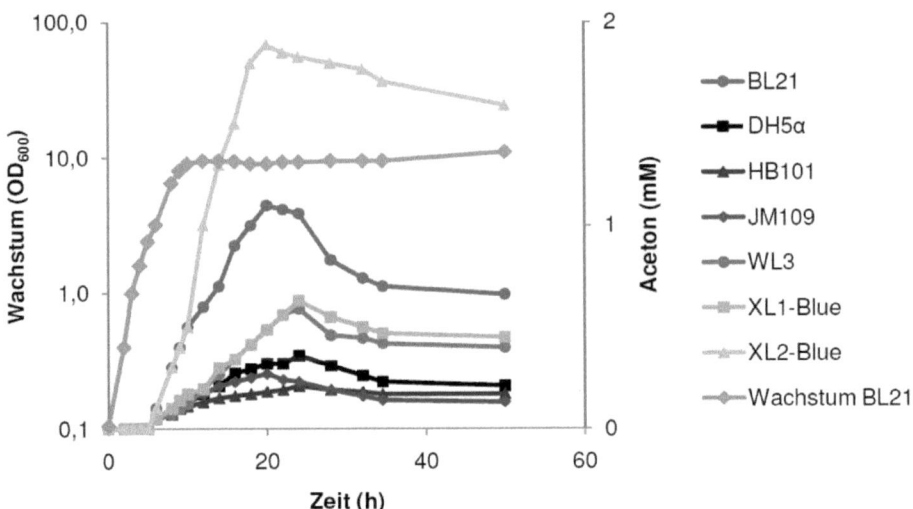

Abb. 41: Wachstum und Acetonkonzentration mit *E. coli* sp. pEKEx_adc_ybgC_thlA

7.4 Acetonproduktion mit *E. coli* sp. pIMP_adc_atoDA_thlA

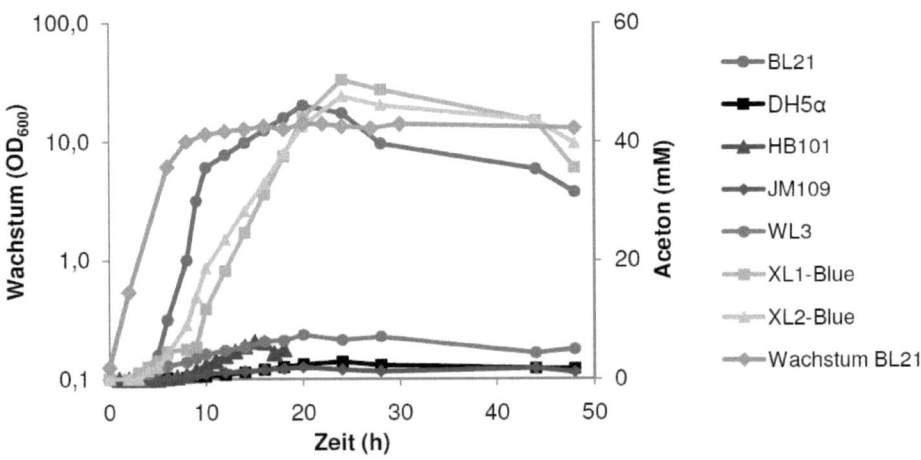

Abb. 42: Wachstum und Acetonkonzentration mit *E. coli* sp. pIMP_adc_atoDA_thlA

7.5 Acetonproduktion mit *E. coli* sp. pIMP_adc_tell_thlA

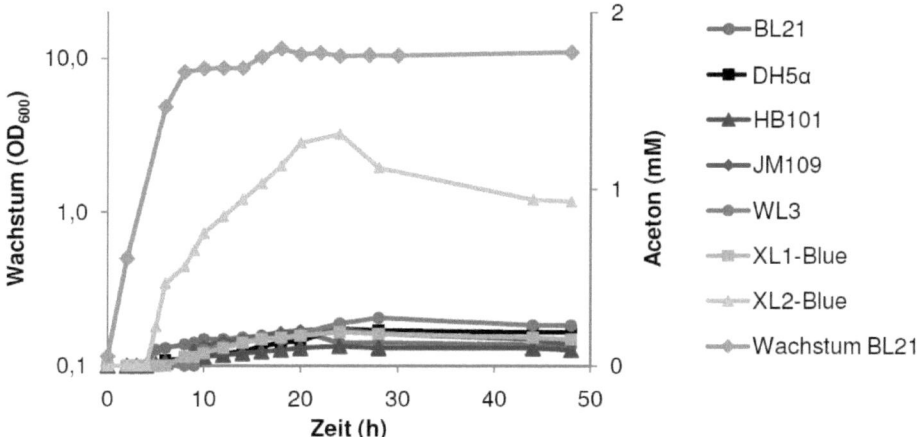

Abb. 43: Wachstum und Acetonkonzentration mit *E. coli* sp. pIMP_adc_tell_thlA

7.6 Acetonproduktion mit *E. coli* sp. pIMP_adc_ybgC_thlA

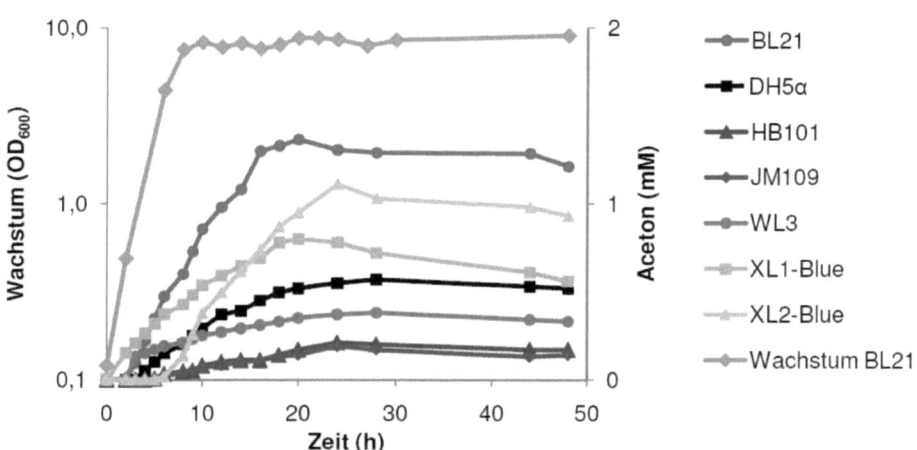

Abb. 44: Wachstum und Acetonkonzentration mit *E. coli* sp. pIMP_adc_ybgC_thlA

I want morebooks!

Buy your books fast and straightforward online - at one of world's fastest growing online book stores! Environmentally sound due to Print-on-Demand technologies.

Buy your books online at
www.morebooks.shop

Kaufen Sie Ihre Bücher schnell und unkompliziert online – auf einer der am schnellsten wachsenden Buchhandelsplattformen weltweit! Dank Print-On-Demand umwelt- und ressourcenschonend produziert.

Bücher schneller online kaufen
www.morebooks.shop

KS OmniScriptum Publishing
Brivibas gatve 197
LV-1039 Riga, Latvia
Telefax: +371 686 204 55

info@omniscriptum.com
www.omniscriptum.com

Printed by Books on Demand GmbH, Norderstedt / Germany